本书为国家社会科学基金项目

“长三角碳锁定及解锁路径研究”（14BJY017）

结项成果

长三角碳锁定及解锁路径研究

CHANGSANJIAO TANSUODING
JI JIESUO LUJING YANJIU

武戈　周五七◎著

上海三联书店

内容摘要

长期以来，人类不合理的发展方式对环境产生了不可估量的负面影响，全球变暖等一系列环境问题凸显。作为负责任的大国，中国在应对全球气候变化危机中一直表现出自己的诚意与担当，释放着“中国正能量”。然而，作为我国工业生产密集区和制造业中心的长三角地区，资源环境承载力不足，区域经济可持续发展面临挑战。本书主要以长三角江浙沪皖三省一市以及区域内企业调研样本为研究对象，参考长三角“十三五”工业转型升级规划及中长期碳减排和率先实现现代化目标，在长三角与其他区域比较研究的基础上，重点从行业层面、企业层面、区域联动等角度，研究长三角碳锁定与碳解锁机理及其演化历程，评估长三角低碳转型绩效，调查研究长三角工业企业低碳生产驱动机制，模拟研究长三角碳解锁政策效果及其区域联动效应，从而为长三角实现低碳发展提供理论借鉴和决策参考。

前　言

党的十九大报告提出,“加快建立绿色生产和消费的法律制度和政策导向,建立健全绿色低碳循环发展的经济体系”。探索经济新常态下长三角碳解锁和低碳发展机制与路径,推动长三角低碳经济发展迈上新台阶,是长三角经济转型发展面临的重要命题。本书紧密联系经济新常态背景下长三角低碳经济发展实际,研究长三角碳解锁现状及地区差异,调查分析长三角工业企业低碳生产面临的瓶颈与障碍,运用CGE模型模拟分析低碳政策的地区联动效应,对引导长三角地区完善和健全低碳经济体系,构建产业布局协同的联动机制,推动长三角产业转型升级和低碳协同发展,具有重要的理论和现实意义。

本书以习近平生态文明思想为指引,运用低碳经济理论和可持续发展理论,借鉴其他国家碳解锁实践经验,围绕长三角碳锁定与碳解锁问题,开展了系统的理论与实证研究,研究成果的主要内容和重要观点分别简述如下:

(1) 长三角工业碳锁定及解锁比较和经验借鉴。2005—2017年间,我国八大地区工业碳排放总量大体上均表现为增长趋势,增长较快的地区有大西北、大西南和长江中游,长三角年均增长率处于相对较低的1.73%水平,仅高于北部沿海地区,长三角地区工业碳排放得到了很好控制。江苏工业碳排放主要表现为解锁状态,尽管江苏工业比重较大,但并不是以重工业为主,且能源利用水平相对较高,工业碳排放强度较低。浙江一直表现为解锁状态,并在2009年、2010年、2012年和2013年出现了绝对解锁状态,由于2017年工业增加值相较2016年出现少许下降,导致其出现衰退性解锁。就上海而言,第三产业已成为其经济增长的主要力量,第二产业又以高新技术产业为主,所以工业碳排放量出现了下降趋势,实现了由增长锁定向绝对解锁的转变。安徽相对落后,但碳排放强度低于全国平均水平,呈现相对解锁状态,并于2017年转为绝对解锁。

(2) 碳生产率视角的长三角低碳转型绩效。长三角三省一市碳生产率都保持了持续增长的良好态势,有力推动了长三角低碳经济转型和碳解锁进程。整体上看,浙江和安徽两省碳生产率增长要略逊于上海与江苏。从碳生产率增长动力来源来看,上海和江苏碳生产率增长受到技术效率和技术进步双重动力驱动,且受技术进步的驱动作用更大,浙江和安徽两省碳生产率增长主要来自低碳技术进步,需要提升技术效率对碳生产率增长的作用。因此,长三角碳生产率增长既要重视低碳生产技术进步,又要重视制度软实力提升,防止单纯追求低碳技术创新与技术进步。低碳技术创新与技术进步具有不确定性、长期性和艰巨性,技术效率提升是短期内推动碳生产率增长的一个重要途径,要通过一系列制度创新来释放制度红利,提高能源效率和市场运行效率,从效率提升上深度挖掘碳生产率对长三角低碳经济增长的贡献潜力。

(3) 长三角工业企业低碳生产驱动机制。选取长三角代表性工业企业,采用问卷调查和对企业高层访谈形式,运用结构方程模型,分析工业企业低碳生产影响因素,对企业低碳生产行为及驱动机制进行验证。研究发现,政府因素、技术因素、社会因素对企业低碳生产绩效都有正向的直接影响,内部因素以及市场因素对企业低碳生产绩效影响不显著,且五类因素间存在相互影响;工业企业管理者和员工低碳意识不强,企业内部研发投入相对缺乏;低碳产品相关市场未成熟,消费者绿色偏好和诉求不强。虽然企业低碳意识和内部研发对提高企业低碳生产绩效有很大支撑,但多数企业在没有竞争环境规制的压力下,是不会选择主动低碳生产的。来自消费者的低碳消费偏好能驱动工业企业提高低碳生产绩效。社会声誉对企业低碳生产意愿影响较大,高层管理者的低碳意识会对企业低碳生产行为有很大影响。政府在制定低碳政策时要引导企业进行碳信息披露,通过环境认证、环境标签等获得良好社会声誉,激励企业实施低碳生产。

(4) 长三角碳解锁的政策驱动效应模拟研究。构建长三角多区域可计算一般均衡模型(MR-CGE),模拟研究增值税、营业税、消费税、碳税等相关税收制度改革以及技术进步对长三角碳解锁的影响效应及区域联动效应。根据我国最新的区域间投入产出表和税收结构特征,编制了包含21个部门的长三角多区域社会核算矩阵,政策模拟结果表明:一是增值税的影响效应,即提高企业增值税率不仅不利于我国经济增长,而且使得碳排放总量及其强度均有所上升,从而不利于节能减排,也不利于社会福利提高;降低企业增值税税率则有利于促进经济增长,促进碳排放量和排放强度下降,提高社会总福利水平。二是其他税收政策的影响效应,即增加企业营业税、消费税、其他间接税,可以使长三角碳排放量及其强度有所下降,但对区域经济增长、社会福利总水平、通货膨胀等方面造成不利影响,应慎重实施。三是碳税的影响，即征收碳税可使长三角区域碳排放量、碳排放强度达到国家设定目标，但可能造成区域经济发展失衡、社会福利水平降低、通货膨胀上升、产品出口竞争力下降等问题。四是长三角全要素生产率提升，不仅有利于经济增长，而且物价水平有所下降，碳排放量和排放强度均呈现不断下降态势。

(5) 长三角碳解锁区域联动的政策建议。一是切实有效降低企业税费负担，适当降低增值税税率。近几年实施的结构性减税政策有一定作用，税收占我国生产总值的比重出现下降趋势。然而，目前我国企业的宏观税负仍旧处于较高水平，如企业增值税负担过重等。在当前经济增速放缓、企业利润增速下滑的形势下，实施积极财政政策的核心就是减轻企业税负。降低企业税费负担有利于企业，特别是中小企业恢复活力，通过促使企业增加投入、扩大生产，增加就业、刺激产业发展。政策模拟结果显示，适当降低增值税税率有助于长三角 GDP 增加、降低通货膨胀，有利于出口和社会福利水平提高，有利于降低碳排放量及排放强度等。二是加强技术和管理创新，提高能源使用效率。在其他条件不变的情况下，单纯依靠碳税可以实现长三角地区“十三五”有关碳排放强度的规划目标，但会引起化石能源价格的大幅上升和物价上升压力。相比较而言，提高能源使用效率越多，单位碳税的碳排放强度边际变化率就越大。因此，提高能源使用效率能有效增强碳税实施效果，应加强技术创新和管理创新，促使能源使用效率不断提高。三是保持政府财政收入中性的税收方案。在征收碳税的同时降低企业间接税水平，比采用征收碳税同时降低企业所得税税率，更能减弱或消除碳税对社会福利的负面影响。因此，从碳税对社会福利影响的角度考虑，我国在实施碳税的同时，应适当降低企业间接税。

2020 年 9 月 22 日，中国政府在第 75 届联合国大会上庄严承诺，中国将提高国家自主贡献力度，采取更加有力的政策和措施，二氧化碳排放力争于 2030 年前达到峰值，努力争取 2060 年前实现碳中和。《中华人民共和国国民经济和社会发展第十四个五年规划和 2035 年远景目标纲要》进一步明确了我国 2030 年前实现碳达峰、2060 年前实现碳中和的目标。碳达峰、碳中和是一场广泛而深刻的经济社会系统性变革，中国政府对碳达峰、碳中和的承诺不仅为全球绿色发展注入了更强大的信心，也为中国绿色低碳发展带来重大机遇。作为中国经济发展最活跃、创新能力最强的区域之一，长三角有良好的产业基础和发展潜力，保证长三角在实现碳达峰、碳中和目标行动中也能走在前列，加快推进长三角一体化高质量发展，希望本书能助力长三角区域早日实现这一目标。

目　　录

1 绪论

1.1 研究背景

长期以来,人类不合理的发展方式对环境产生了不可估量的负面影响,全球变暖等一系列环境问题凸显。来自联合国政府气候专门委员会(Intergovernment Panel on Climate Change, IPCC)的第五次全球气候评估报告(2013)显示,气候危机要比之前认识到的更为严峻,并且有95%以上的把握可以认为这是人类行为造成的后果,而此前2007年发布的报告指出这种可能性为90%。报告还指出,碳排放量增加主要是由于工业革命以来人类对化石能源的大量消耗,这也是导致全球气候变暖的主要原因。在此背景下,国际社会意识到温室气体排放对环境的负面影响,并为减少碳排放付出了不懈努力。从2009年的哥本哈根会议,到2013年的华沙会议,再到2015年首个全球性的关于气候变化的《巴黎协定》的达成,都在很大程度上促使各国提高了对碳排放问题的正面重视和处理等级,控制和减少温室气体排放成为各国制定经济与环境政策的重要指导。

作为负责任的大国,中国在应对全球气候变化危机中一直表现出自己的诚意与担当,释放着"中国正能量"。2014年11月,中美两国共同签署并发表了《中美气候变化联合声明》,我国政府首次正式提出将在2030年左右实现二氧化碳排放量峰值的具体化目标并争取尽早实现。2015年11月举行的巴黎世界气候大会上,习近平总书记代表我国政府,除了重申《中美气候变化联合声明》中的目标外,还向世界做出了到2030年实现单位GDP二氧化碳排放水平较2005年减少60%—65%,非化石能源占一次能源消费比例上升到20%左右的承诺。李克强同志在2017年的政府工作报告中也提出了要实现单位国内生产总值能耗下降3.4%以上的发展目标。对于一个尚处于工业化、城镇化进程的发展中大国而言,这是一个富有挑战性的战略目标。

目前,我国正处在工业化快速发展时期,虽然人均二氧化碳排放量较低,但是总量上看却不容乐观。根据国际能源署(International Energy Agency, IEA)提供的数据,我国 2007 年的二氧化碳排放量已超过美国,成为全球第一大排放国。2013 年,我国碳排放量比排第二、三位的美国和欧盟的加总还要多,占世界碳排放总量的近 30%。2015 年,我国碳排放量下降 1.5%,取得了一定的减排成果,但总量仍是全球碳排放量最高的国家。连续的高碳排放水平使得中国需要面对越来越多的来自国际上的谈判压力。从国内看,环境污染事件屡屡发生,各种环境问题不断显现,政府对环境保护的重视也提升到了前所未有的高度,节能减排作为规划重点被写进了法律法规。所以,不论从国际义务还是国内可持续发展的角度来看,我国都必须实现碳减排。

我国长江三角洲地区拥有优越的自然条件和经济战略地位,是“一带一路”与长江经济带的重要交汇地带,已成为活跃度高、综合实力强的工业生产密集区和制造业中心,在我国国家现代化建设大局和全方位开放格局中具有举足轻重的地位。2010 年 5 月,国务院《长江三角洲地区区域规划》将长三角的范围确定为江浙沪;2014 年,国务院《关于依托黄金水道推动长江经济带发展的指导意见》首次明确安徽省参与长三角一体化发展。根据 2016 年 5 月国务院《长江三角洲城市群发展规划》,长三角城市群在上海市和江苏、浙江、安徽三省部分城市范围内,包括上海市,江苏省的南京、无锡、常州、苏州、南通、盐城、扬州、镇江、泰州,浙江省的杭州、宁波、嘉兴、湖州、绍兴、金华、舟山、台州,安徽省的合肥、芜湖、马鞍山、铜陵、安庆、滁州、池州、宣城等 26 座城市。

长三角城市群国土面积 21.17 万平方公里,2019 年地区生产总值 12.67 万亿元,总人口 1.5 亿人,分别约占全国的 2.2%、18.5%、11.0%。与全国相比较,长三角的工业化水平一直明显领先,大多数城市都进入了工业化中后期阶段,与此同时,能源需求量也大幅增加。三次产业的能源消费量中,占主导地位的是第二产业,尤其是工业的占比达到 80%左右,导致大量碳排放,因此降低能耗、提高能效的切入点便是工业部门。为了实现环境经济协调发展,必须减少碳排放、提高全要素生产率。

当前,长三角地区的经济增长方式总体上依旧粗放,节能技术装备和碳减排技术水平仍相对落后,依然存在技术、资金瓶颈。长三角降速发展实现碳解锁是传统发展模式在人口、资源、环境等方面遭遇瓶颈之后作出的战略抉择。

1.2 研究意义

本书是在环境经济学和低碳经济理论的框架下进行研究，同时结合了计量经济学的相关知识，解释长三角碳锁定现象及碳解锁路径选择。通过对长三角各省市与其他省市工业经济增长和碳排放的关系进行系统的比较分析研究，考察长三角工业碳解锁进程。本书对长三角低碳发展转型绩效及其影响因素进行实证研究，为长三角低碳转型发展提供决策借鉴。同时，运用CGE模型，模拟分析促进长三角低碳转型的税收政策调整的经济效应及其区域联动效应。

从现实意义上来说，目前我国正处于经济发展的关键时期，如何突破碳锁定，加快工业碳解锁进程，对中国二氧化碳排放峰值的早日实现有着至关重要的影响，也是我国发展低碳经济，建设好“两型社会”的重要保障。科学衡量我国工业碳排放水平，深入分析碳解锁驱动因素及影响程度大小，可以为我国政府制定科学、有效的节能减排政策提供理论参考。同时，以省份为研究对象，也是考虑到地区之间的经济发展水平存在差距，不能一概而论。当前，中西部地区的经济发展水平较低，经济建设的目标较重，故设定减排目标要因省而异，考虑各地区的经济水平和承受能力，从而制定切实符合各地区情况的行之有效的低碳发展策略。

本书参考长三角“十三五”工业转型升级规划及中长期碳减排和率先实现现代化目标，主要以长三角江浙沪皖三省一市，以及区域内企业调研样本为研究对象，在长三角与其他区域经济圈产业类似比较的基础上，重点从产业层面、企业层面、区域联动等角度，测算长三角低碳经济转型中碳锁定与解锁机理及其演化历程，评估长三角低碳转型绩效，模拟长三角碳解锁政策及其区域联动效应，以及构建实施碳解锁的制度体系和政策框架，从而为长三角乃至全国和世界相关区域实现低碳发展提供参考。

1.3 研究动态

碳锁定（carbon lock-in）起源于技术锁定（Technological Lock-in），“碳锁定”一词最早由西班牙学者Unruh（2000）提出，用来描述当前的工业经济受碳基技术和相关制度的限制，锁定在了以传统化石燃料为基础的能源体系的状态。产生碳锁定的原因是规模报酬递增推动了碳基技术和制度的协同演化，从而形成了“碳基技术—制度综合体”(techno-institutional complex，TIC)。Unruh 认为 TIC 中技术、组织、制度等系统的相互强化进一步加强了 TIC 的路径依赖特征，导致碳基技术系统在工业经济中具有超稳定性，进而阻碍了其他更环保、更清洁技术的应用和扩散，阻碍了全球低碳经济转型的发展；同时，Unruh 也探讨了末端治理、持续创新、技术替换、战略“缝隙”管理等技术和制度层面的碳解锁(carbon unlocking)方法。在 Unruh 研究成果的基础上，国内外许多学者都相继开展了有益的探索，在气候变化政策讨论中也多次提及了“碳锁定”这一概念。目前，围绕碳锁定和解锁的相关研究可概括为以下几个方面：

1.3.1 碳锁定、碳解锁与经济发展关系研究

当前学界多数学者利用环境库兹涅茨曲线(EKC)方法分析碳排放与经济增长的关系，研究环境污染与经济增长之间可能存在的倒 U 型假说。Marzio Galeotti 等(2006)对 CO_2 的 Kuznets 曲线(简写为 CKC)进行了稳健性检验，认为存在 CKC 曲线，并发现发达国家的碳排放量正处于倒 U 型曲线的下降位置，而发展中国家正处于倒 U 型曲线的上升位置。付加锋、高庆先和师华定(2008)基于生产和消费视角，研究了人均 GDP 和单位 GDP 的 CO_2 排放量之间的内在关系，认为无论是从生产还是消费视角，单位 GDP 的 CO_2 排放量均呈现显著的倒 U 型，即均存在 CKC。刘扬、陈劭锋(2009)基于 IPAT 方程，分析了中国经济增长与碳排放之间的关系，发现碳排放强度、人均碳排放量或是碳排放总量三者均存在倒 U 型曲线。Apergis and Payne、Narayan(2010)、Iwata 等(2011)运用向量误差修正模型、混合均群估计方法，分别发现中美洲 6 个国家和独联体、15 个发展中国家、17 个 OECD 和 11 个非 OECD 国家的碳锁定与 GDP 之间存在倒 U 型均衡关系，发达国家呈现碳锁定解除的特征。徐承红、李标(2012)采用静态加动态面板的方法，从空间视角比较分析了 CO_2 排放、治污投资、排污水费等环境规制因素和能源消耗因素(六大国民经济部门的能源消耗)对经济发展水平的短、长期影响，结果表明 CO_2 排放与经济发展水平呈倒 U 型，即 CO_2 排放的增加短期内对经济发展水平有促进作用，长期却不利于经济发展水平的提升。Li 等(2015)对北京市 2005—2012 年服务业直接 CO_2 排放量进行核算，然后运用投入产出模型对服务业间接 CO_2 排放量进行核算，最后对服务业直接和间接 CO_2 排放量的增长原因进行分解分析，从而得出以下结论：北京市服务业间接 CO_2 排放量远远大于直接排放

量，前者是后者的6倍多；直接及间接 CO_2 排放量都呈增长趋势，并且间接的增长速度要快于直接。直接 CO_2 排放量增长的主要原因是产业规模增大和直接 CO_2 排放强度变化，虽然产业结构和直接能源消费结构变化起到了抑制作用，但是影响较小。间接 CO_2 排放量增长的主要原因是产业规模增大、产业结构及间接 CO_2 排放强度变化，间接能源消费结构变化起到了抑制作用，但是影响也较小。Tu(2016)基于协整、线性和非线性Granger因果关系，检验探讨了中国1961—2010年间 CO_2 排放强度和经济增长(GDP)之间的关系。结果表明，我国 CO_2 排放强度和经济增长有着长期的均衡关系，两者之间的长期关系和因果关系的证据意味着，经济发展会导致环境质量下降。从长期来看，我国经济增长会对 CO_2 排放强度产生不利影响。此外，线性和非线性Granger因果检验表明，我国 CO_2 排放强度和经济增长之间有长期的单向因果关系，即GDP增长是 CO_2 排放强度的原因。樊高源、杨俊孝(2017)在测算乌鲁木齐市土地利用碳排放的基础上，分析其土地利用结构、经济发展与土地碳排放间的关联效应，发现在未达到较高经济发展水平的情况下，经济的持续增长促进了土地利用碳排放增长，但在达到拐点之后，碳排放呈现下降趋势。以上结论表明碳排放发展并不随着经济持续增长而持续上升，从而验证了乌鲁木齐市土地利用过程中环境库兹涅兹曲线的存在。

以上研究均证明了碳排放与经济发展之间存在CKC曲线，但将地理区域划分后进行分析，有学者得到了不同的结论。许广月、宋德勇(2010)选取了1990—2007年中国省域面板数据，运用面板单位根和协整检验方法，证明东部和中部地区人均GDP与人均碳排放存在倒U型关系，而西部地区不存在该曲线，人均GDP与人均碳排放呈正U型关系，且不同经济发展阶段，二者关系也不同。另外，吴献金、邓杰(2011)从规模、结构和技术三个角度出发，研究贸易自由化、经济增长对碳排放的影响，结果表明代表规模技术效应的人均收入和碳排放量之间存在显著的正相关关系，即存在CKC曲线；代表结构效应的资本劳动比和碳排放量存在显著的负相关关系；贸易所产生的结构效应是消极的，贸易自由化的总效应使我国碳排放量上升。胡建辉、蒋选(2015)认为长三角城市群不存在EKC曲线，而珠三角城市群和京津冀城市群存在EKC曲线。

还有一些学者在研究分析后认为，碳排放与经济增长并不一定是倒U型或正U型关系，而是单调递增或倒N型关系。例如，Martin Wanger (2008)的研究发现人均 CO_2 排放与人均产出并不是倒U型，而是单调递增关系。刘继森、颜雯晶(2010)通过选取广东省1994—2008年的经济数据，对其经济增长与碳排放之间的关系进行了回归分析，结果表明广东省人均 CO_2 排放量与人均 GDP 之间呈倒 N 型曲线关系，而非传统的 EKC 曲线。吴昌南、刘俊仁(2012)采用江西省 1990—2008 年的相关数据，通过回归二次和三次多项式简化型模型检验了经济水平与环境质量指标之间的关系，结果不同于传统的倒 U 型曲线，除工业固体废物排放量外，其余曲线均为倒 N 型。朱一凡(2018)选取 1990—2016 年我国 30 个省市、自治区(西藏除外)的数据，通过讨论碳排放指数 CDI 与经济增长 GDP 之间的关系，发现两者之前存在正 N 型曲线关系，即 CDI 伴随着 GDP 的增加先呈现增长趋势，中期经过一段下降后，再度增长，这也预示着随着新能源经济的兴起，我国今后的 CO_2 排放量达到峰值之后将再度下降，环境将得到改善。

1.3.2 碳锁定、碳解锁的影响因素研究

碳锁定、碳解锁的影响因素也是学界讨论的热点问题之一，影响因素主要集中于经济增长、能源强度、产业结构、人口规模、技术水平等方面。

Malla S.(2009)采用 LMDI 方法，对亚洲 12 个经济体、亚太和北美等 7 个国家的电力部门进行研究，结果显示碳锁定、碳解锁主要受能源强度影响。Zhang 等(2009)基于优化指数分解方法，分析我国 1991—2006 年农业、工业、交通运输及其产业四大部门碳排放量变化的背后因素，结果表明规模增长是碳排放增长的主要因素，能源强度下降有利于减排，而经济结构的变化对减排的作用不大。而邹沛思、贺灿飞(2010)认为主要的影响因素是产业结构，他们以长三角地区上海、江苏和浙江 3 个省市为研究对象，利用 LMDI 方法对以上 3 个省市 1995—2007 年的能源强度进行分解分析，结果表明长三角地区能源消费形势严峻，并较多地受到产业结构调整的影响。Roberts(2011)以美国东南部 9 个州 755 个县为研究对象，利用 STIRPAT 模型，得出人口规模、技术水平是碳解锁的主要影响因素。徐盈之、张全振(2011)通过建立 LMDI 分解模型，对我国制造业整体能源消耗及各类能源消耗进行分解研究，结果表明规模效应是影响我国能源消耗的主要原因，结构效应自 2003 年以来在一定程度上增加了我国的能源消耗，技术效应是实现我国节能降耗的主要力量，但它却促进了电力的消耗，且不同部门的结构效应和技术效应存在较大差异。Tian 等(2014)指出，能耗较多的重工业产出占比的增加会导致能源消费碳排放增加，并且产业结构合理的地区通过进口碳密集型产品，避免了当地的 CO_2 排放。

王俊松、贺灿飞(2010)结合我国能源消费和经济增长的特点，采用对

数平均的 Divisa 方法对我国 1990—2007 年的 CO_2 排放进行分解分析，指出经济增长效应是导致我国 CO_2 排放增加的主要因素，能源强度效应能抑制 CO_2 排放，人口效应和结构效应对碳排放的影响不大。该结论与上述研究相类似，但区分地区进一步研究后发现，不同地区的影响存在差异性。东部地区的经济发展和能源强度效应对 CO_2 排放量的影响高于中西部地区，人口效应使东部地区碳排放增加，使中西部地区碳排放降低，能源利用结构变化对东部地区的碳排放有一定的抑制作用，对中西部地区的影响较小。

周芳、马中、石磊(2012)的研究视角与上述不同，他们从企业出发，基于 68 家样本企业的抽样调查结果，利用主成分分析等方法，对企业的节能减排行为、绩效、影响因素及政策需求进行了实证分析。结果表明，企业节能减排行为是在内外驱动力共同作用下产生的，且企业规模、上市情况、产品市场及节能减排投资回报率是第一主成分。

马晓君、董碧滢、于渊博(2018)将扩展的 Kaya 恒等式与对数平均迪氏指数(LMDI)分解法相结合，以 2005—2016 年东北三省主要能源消费数据为研究对象，构建优化的碳排放分解模型，测度并分解其碳排放与碳排放强度。他们通过与中国同期能源消费碳排放的定量对比分析，考察各产业(部门)能源结构效应、能源强度效应、产业结构效应、经济产出效应和人口规模效应对东北三省能源消费碳排放的影响。结果显示，经济产出效应和人口规模效应对东北三省碳排放增长起拉动作用，其中经济产出效应贡献最大为 188%，经济发展和城市化进程的加速不利于碳排放的降低。产业能源强度效应、能源结构效应及产业结构效应对东北三省碳排放增长起抑制作用，能源强度效应的抑制作用最大为 59%。

张庆宇等人(2019)运用 STIRPAT 模型对巴基斯坦 1971 年至 2014 年影响碳排放的因素进行分析，结果表明巴基斯坦碳排放的影响因素，按作用从大到小的顺序排列依次是化石燃料、人口总数、人均 GDP、城镇人口占总人口比率、服务业增加值占 GDP 比率、可替代能源与核能占总能源消耗比率、进出口总额占 GDP 比率。苏凯、陈毅辉、范水生(2019)选取福建省市域作为研究对象，应用扩展型的 STIRPAT-PLS 模型对 2010—2016 年福建省市域碳排放影响因子进行实证分析，探讨驱动福建省市域碳排放量增长的主要影响因素和各因素的影响程度，明确碳排放控制的主要领域。结果表明，总人口、城镇化率、人均 GDP、第二产业比重和能源强度对碳排放量增加有正向驱动作用，而第三产业比重对碳排放量增加有负向驱动作用，总人口、城镇化率及第二产业比重对碳排放量增长的贡献最大。

1.3.3 国际贸易和投资中的碳锁定、碳解锁研究

作为全球经济活动的重要组成部分,国际贸易与环境的关系及相互的影响也日益受到学界的关注。很多学者研究后发现,我国存在碳锁定失衡现象,并分析了背后的原因。黄敏、蒋琴儿(2010)利用投入产出模型计算分析了2002年、2005年、2007年中国对外贸易过程中的隐含碳问题,总体结果显示中国隐含碳净出口的绝对数量及占国内总排放之比都增长较快,表明中国在对外贸易过程中既要面临生产带来的污染加剧,也要完成国际节能减排的任务,而贸易规模的扩大是贸易过程中隐含碳增加的重要原因。张为付、杜运苏(2011)在考虑进口中间投入品的条件下,利用投入产出表研究了中国对外贸易中隐含碳排放的失衡度,结果显示中国对外贸易中隐含碳排放不仅数量巨大,而且存在不平衡,净出口隐含碳已经达到相当可观的数额,其失衡主要由少数几个行业引起,如金属冶炼及压延加工业,且对外贸易中隐含碳排放量增加是新一轮国际产业转移的结果,发达国家对中国碳排放应该承担部分责任。闫云凤、赵忠秀、王苒(2012)的研究也支持了上述结论,他们利用投入产出法对中欧贸易隐含碳进行了结构分解分析,结果表明技术效应和结构效应都有利于减少碳排放,但不足以抵消规模效应所导致的碳排放增加,即欧盟应对中国的部分碳排放负责。Shang等(2016)指出,减少中国机电设备制造业的出口有助于降低能源消费碳排放。

将全球经济区域进行划分之后,一些学者也得到了不同的研究结论。Wiedmann(2008)运用投入产出模型,将区域区分为英国、欧盟之OECD国家、非欧盟之OECD国家及非OECD国家,研究了英国对外贸易中的隐含碳排放情况,结果显示英国的消费基础的排放明显高于生产基础的排放,其进口隐含碳排放量有逐年上升的趋势,并发现大部分来自其他非OECD国家,且有明显的上升趋势,而来自非欧盟之OECD国家的隐含碳进口排放量则逐年下降。丛晓男、王铮、郭晓飞(2013)基于GTAP国际投入产出数据,核算了全球不同国家或地区之间的贸易隐含碳量,结果表明全球贸易隐含碳量巨大,且其流入、流出量存在明显区域差异,中国等金砖国家的净流出量较大,美国、欧盟等则净流入量较大。Prell C.(2016)研究了20年间各国之间的碳排放和资产之间的关系,通过国际贸易网络特征来解释二者的影响关系。结果显示,一个国家的国际贸易地位与两种污染核算方法之间都具有正(对数)线性关系。此外,核心国家或出口数量更大的国家在全球财富中的份额增长速度要快于碳排放份额。韦韬、彭水军

(2017)运用 MRIO 模型测算了 1995—2009 年国际贸易中的隐含能源和碳排放，结果表明研究期间，中国除燃气和新能源外均属于隐含能源净出口国，生产侧排放增加远超消费侧排放增加，且前者增加是为了满足国外需求，而消费侧排放增加来源于进口的增加。研究期间主要发达经济体生产侧能耗和碳排放几乎没有变化，但消费侧能耗和碳排放却在逐渐增加，属于隐含能源和碳排放净进口国；且发达经济体消费引致的新兴经济体隐含能源和碳排放，远大于后者消费引致的前者隐含能源和碳排放。张同斌、孙静(2019)指出，中国通过加工贸易等途径与其他国家建立了大量的生产及碳排放联系，碳排放关联随之建立并日益密切。在中国经济增长的冲击下，除印度外，代表性经济体的碳排放呈现出倒 U 型的变动特征，中国生产的中间产品输入导致的碳排放减少效应与刺激生产规模扩大引发碳排放增长效应的大小关系，决定了代表性经济体碳排放的变动方向。除日本外的发达经济体及金砖国家产出增长对中国碳排放呈现倒 U 型的正向冲击效应，而新兴经济体经济增长对中国碳排放则具有 U 型的负向冲击特征，国际产业分工地位和出口贸易商品结构能够在很大程度上解释代表性经济体与中国之间经济增长和碳排放冲击效应的差异。

一些学者也研究了 FDI、规模、结构和技术效应对我国碳锁定的影响，认为 FDI、对外直接投资和技术进步有助于碳锁定的改善。代迪尔、李子豪(2011)通过构建多维度的 FDI 工业行业碳排放模型，对 FDI 对中国工业碳排放的影响效应进行了实证分析，并从 FDI 规模效应、结构效应、技术效应和管制效应四个角度进行了考察，结果表明规模效应和结构效应为负，技术效应为正，管制效应不是很明显，但 FDI 总效应是负的，从而增加了中国工业行业的碳排放。傅京燕、裴前丽(2012)首先利用多边投入产出模型的贸易数据对 1997—2008 年的贸易隐含碳量进行了计算，再利用 Divisia 指数对上述结果进行了分解分析，结果表明规模效应是导致我国净隐含碳量增加的主要原因，技术效应则有助于我国 CO_2 减排量的提高，但结构效应的作用不明显。申萌、李凯杰、曲如晓(2012)利用 1997—2009 年的省级面板数据，在内生增长模型的基础上引入了技术进步对 CO_2 排放的弹性，构建了技术进步、经济增长与 CO_2 排放的理论模型，综合考察了技术进步对 CO_2 排放的直接效应和间接效应。结果表明，虽然中国技术进步对 CO_2 排放的弹性为负，技术进步的直接效应为负，但是其程度不足以抵消技术进步对 CO_2 排放的正向间接效应，最终导致 CO_2 排放增加。也就是说，中国目前的技术进步还不能同时实现经济增长和 CO_2 减排。邓光耀、韩君、张忠杰(2018) 利用静态和动态面板模型，研究产业结构升级、国际贸易等因素对能源消费碳排放的影响,结果表明产业结构升级和对外贸易依存度的扩大有助于降低能源消费碳排放;能源消费碳排放量的动态效应显著,人口数量和能源强度的增加将增加能源消费碳排放。

1.3.4　碳锁定、碳解锁区域发展政策研究

区域碳锁定、碳解锁也是学界重点关注的内容,不少学者对其影响因素、治理制度、税费规制等进行了深入的研究。一些学者分析了产业结构对碳排放的影响。Debabrata Talukdar 等(2001)采用 44 个发展中国家 1987—1995 年的面板数据进行回归分析,发现农业占 GDP 的比重与碳排放负相关,而工业比重的增加却显著增加了其碳排放。使用类似数据,Jorgenson(2007)得出了不同结论,他在对 35 个发展中国家 1980—1999 年的数据进行分析时发现,第一产业的发展与各国碳排放之间呈显著正相关,农业产出水平提高及农业机械的使用增加了碳排放。高卫东、姜巍(2009)等的研究表明,随着产业结构演进和生产技术提高,我国能源碳排放的增速有了明显减缓;从区域分布来看,东部地区碳排放经历了先降后升的过程,而西部地区则保持上升趋势。郑长德、刘帅(2011)使用面板数据研究分析了我国各省份的产业结构与碳排放的关系,结果表明经济增长是我国碳排放增加的主要因素,其中第二产业的影响最大,第一产业与第三产业的影响较小。谭飞燕、张雯(2011)在碳排放模型框架内,利用测算的全国省级 CO_2 排放数据,考察了各种因素特别是产业结构变动对 CO_2 排放产生的影响,结果表明工业化进程直接加剧了 CO_2 排放量,是我国碳排放增长的主要驱动因素之一;FDI 环境效应的合力是负面的,贸易并非国际碳污染转移的主要渠道。刘博文、张贤、杨琳(2018)分析了 1996 年到 2015 年间中国区域产业增长和 CO_2 排放趋势,结果表明各区域的产业碳排放都呈现显著增加趋势,其中增幅最大的是位于北部沿海的河北和山东。从排放结构来看,制造业在 1996 年所占比重最大,但部分地区的交通碳排放在 2015 年超过制造业,成为最大的碳排放源。

有不少学者提出了区域低碳锁定贸易协定、碳金融等碳解锁治理制度。蔡宏波、曲如晓(2010)提出以碳减排为目标,以给惠低碳密集型产品、补偿反竞争效应和对外激励与惩罚为主要构建形式的区域性贸易政策安排——低碳贸易协定,并对其在减少排放、贸易流量、贸易模式等方面产生的影响进行了初步评价。杜莉、李博(2012)认为碳金融交易机制能够充分发挥温室气体排放的价格发现功能,对产业结构有重要影响,中国需要构建以碳金融为主导的金融机制,从而推动低碳技术的开发和低碳产业的兴

起，实现经济社会的可持续发展。

一部分学者研究了碳税、排污收费等环境规制手段对我国区域碳解锁的影响。丹麦、芬兰、荷兰、挪威、瑞典这5个北欧国家率先引入了碳税来控制碳排放，周剑、何建坤(2008)以上述5个国家为研究对象，从税率、征税对象、税收循环、免税条款、减排效果等维度研究北欧碳税政策，对中国和欧盟2050年之前实现碳锁定零增长乃至负增长的碳解锁进行了分析。林伯强、李爱军(2010)通过构建CGE贸易模型，从竞争力角度分析碳关税对不同发展中国家的影响，结果表明碳关税对各国厂商的竞争力、市场份额和产出的影响是非中性的，其中碳成本和征税标准是控制碳关税影响大小的关键，碳关税导致生产跨国转移、产业结构调整，进而导致碳泄露。王文举、范允奇(2012)分析了碳税对区域能源消费、经济增长和收入分配的影响，结果表明除大西北地区外，碳税对区域能源消费和经济增长都具有显著的抑制效应，且效应由西至东逐渐增强；碳税在各区域都导致资本要素在总收入中的分配比例增加，劳动要素的分配份额降低，但该效应在大西北地区较弱。王敏、冯宗宪(2012)通过设计一个包含政府征收排污税行为和政府污染治理技术投资行为在内的经济系统，考察了动态条件下排污税对环境质量、厂商行为和消费者行为的长期影响，结果表明单一地征收排污税不一定能够改善环境质量，也不能减少企业污染物排放；同时，排污税还会降低资本积累速度和经济增长速度，因此政府应加大对污染治理技术改进的投资。Heutel(2016)认为影响环境质量的因素不包括政府环保专项治理支出，而包括国外当期碳排放量。Dissou和Karnizove(2016)从福利的角度分析了六种不同产业在技术冲击下的经济波动对减排政策的反应。研究显示，碳税政策下技术冲击对环境和经济的波动要高于碳排放配额政策下的波动。当冲击来源于非能源产业时，碳税和碳排放配额效果相同；当冲击来源于能源产业时，碳税优于碳排放配额。蔡栋梁、闫懿、程树磊(2019)研究发现单一的碳排放补贴政策有利于经济增长，但不利于环境质量改善；单一的碳税政策有利于环境质量改善，但不利于经济增长；而上述两种政策组合为混合政策时，则可以在保持环境质量不变的条件下，实现经济的增长。张济建、丁露露、孙立成(2019)研究了阶梯式碳税与碳交易的替代效应，发现碳税的阶梯越高，其对碳交易产生的替代效应就越小；阶梯式碳税对碳交易的替代效应越大，企业的实际碳排放量就越小；碳排放权的交易价格越大，企业的实际碳排放量就越小；阶梯式碳税对碳交易的替代效应在一定水平内会提高企业的利润额，但超过临界点后，替代效应的增大会导致企业的利润不增反减，企业的利润与替代效应之间呈倒

U型。

1.3.5 碳锁定、碳解锁的环境效率研究

环境效率是生产过程中潜在可实现的最少污染排放量与实际污染排放量之比，经济发展过程中必须采取措施有效控制环境污染，因此如何估算环境效率十分必要，许多学者对此进行了丰富的研究。

李胜文、李新春、杨学儒(2010)在随机前沿生产函数基础上估算了我国1986—2007年省级环境效率，结果表明中国的环境效率较低且增长缓慢，其中中部环境效率最低，西部环境效率最高；目前的环境管制方式在东部较为有效，对中西部的影响则不显著。田银华、贺胜兵、胡石其(2011)采用序列Malmquist-Luenberger(SML)指数法估算1998—2008年中国各省环境约束下的TFP增长率，考虑环境约束后的结果表明，TFP增长对我国经济增长的贡献不足10%，且样本区内北部沿海、东部沿海、长江中游和大西南地区的TFP增长率呈上升趋势，南部沿海、黄河中游、大西北和东北地区呈下降趋势。李春米、毕超(2012)运用DEA-Malmquist方法分析了环境约束下西部地区的工业全要素生产率变动情况，结果显示西部地区污染排放效率提升较慢，制约了工业全要素生产率的提高；工业规模优化有助于改善污染排放效率，但继续使用原有技术却导致污染排放效率降低；环境规制对工业技术进步具有显著的负向作用，间接制约了工业全要素生产率的提升。

一些学者还将动态效率增长、静态效率评价及投影分析结合，分析了各地区碳锁定效率水平、分布特征、变化动因和改进重点。付雪、王桂新、彭希哲(2012)在2007年中国能源—碳排放—经济投入产出表的基础上，测算了国民经济各行业的产业结构调整潜力，认为其不仅受各行业碳排放系数影响，也与各行业对GDP的贡献率有关，从而建议应该大幅增加碳排放系数较低的高科技行业和服务业的产出，同时调减碳排放系数较高的重工业产业，以实现碳排放减缓目标。支华炜、杜纲、解百臣(2013)通过建立表征科技投入与降碳产出的指标体系，对中国内地30个省级区域2006—2009年低碳经济效率进行了测度，将动态效率增长、静态效率评价及投影分析结合，分析了各地区碳锁定效率水平、分布特征、变化动因和改进重点，发现全国低碳效率呈现西高东低的分布态势，地区经济水平与低碳发展效率相背离，因此科技投入应当向节能降碳倾斜，并积极发挥高效的重要作用。程敏、朱航(2017)基于非期望产出的SBM方向性距离函数，对中国30个省份2004—2014年碳排放约束下的建筑业环境效率及其分解进

行测算。研究表明，碳排放和机械设备无效率是建筑业环境无效率的主要来源；建筑业环境效率水平呈东高西低的分布格局。农宇(2019)通过对北部湾城市群、粤港澳大湾区的19个设区市的低碳经济效率值进行研究，得出北部湾城市群低碳效率水平与粤港澳大湾区相比差距明显，广西、海南的城市低碳效率水平低于广东的城市，并呈现一个下降的趋势，且第二产业占地区生产总值比重的增加不利于提高城市的低碳效率水平，处在工业化进程中的城市尤其如此。

1.3.6 碳锁定、碳解锁与低碳经济发展路径研究

低碳经济是一种由高碳能源向低碳能源过渡的经济发展模式，是一种旨在修复地球生态圈碳失衡的人类自救行为。发展低碳经济的关键在于改变经济发展方式。

一些学者从节能、能源低碳化、低碳技术研发、低碳城市、碳汇、碳排放权交易机制等方面提出我国低碳经济发展路径。朱四海(2009)认为中国在发展低碳经济时，一方面要避免陷入经济发展的碳锁定，在低碳经济国际新规则的制定过程中取得主动权；另一方面要有效化解煤炭消耗的碳约束，将煤炭主要用于发电，发展绿色煤电和以煤电替代为主要内容的绿色电力。韩雪梅、刘欢欢(2009)认为经济发展方式应尽快由粗放型转向集约型，提高社会资源的综合利用效率，从而缓解严峻的环境形势。刘贞、施於人、阎建明(2013)基于常规电力市场与碳减排电力市场，提出了一种低碳电力市场模式，即发电商在时前市场中，依据其上一轮交易情况，确定其在两个电力市场参与交易的量：在常规电力市场交易时，需要被收取一定罚金；在碳减排电力市场进行交易时，需要购买碳排放权。在该低碳电力市场模型中，通过调整常规市场对化石能源发电的碳权证价格和碳排放权总量，可以有效控制电力行业的碳减排总量。

庄贵阳、潘家华、朱守先(2011)总结了学术界关于低碳经济评价指标体系的研究进展，在对低碳经济进行概念界定的基础上，构建了以低碳产出、低碳消费、低碳资源和低碳政策为维度的衡量指标体系，并结合现实需求提出了进一步改进的建议。

一些学者通过应用面板和VEC模型，对碳锁定、碳解锁对产业结构低碳升级的影响进行了实证研究。何小钢、张耀辉(2012)在考虑能源与排放因素的基础上，测算并分解了我国36个工业行业基于绿色增长的技术进步，并采用面板技术实证分析技术进步对节能减排的非对称影响，结果表明工业能耗与碳排放有显著的行业异质性，高能耗与高排放强度行业减排

潜力巨大;技术进步对节能减排有显著正向影响,其中科技进步的贡献最大,纯技术效率、规模效率次之;能源消费结构对减排具有重要影响。蔡荣生、刘传扬(2012)基于VEC模型和脉冲响应函数,对低碳、技术进步与产业结构调整升级之间的关系进行了实证研究,并定量分析了碳强度、TFP对产业结构升级的具体影响,发现碳排放强度是产业结构升级的关键原因,且对第三产业比重有显著影响,降低碳排放强度,可以促进产业结构升级。涂建(2018)运用VAR模型对中国低碳发展、产业结构升级与经济增长之间的动态关系进行实证分析,结果显示碳排放强度、产业结构升级与经济增长之间存在长期均衡关系;碳排放强度和经济增长存在双向Granger因果关系,产业结构升级是经济增长的关键原因,也是碳排放强度的关键原因;产业结构升级可以降低碳排放强度,不过具有滞后性;碳排放强度与产业结构调整在长期内能够有效促进经济增长,产业结构调整是经济增长的源动力;经济增长对碳排放强度具有显著影响,对产业结构升级具有长期稳定的正向促进作用。

一些学者从工业化、技术创新等角度研究了低碳经济中碳锁定和碳解锁的路径及策略。谢来辉(2009)在阐述了碳锁定的概念及内涵后,认为发展低碳经济的核心在于解除碳锁定,低碳发展不是去工业化或反工业化,而是在新型工业化道路中加入低碳经济的维度,实现经济发展方式转型。王岺(2010)从低碳经济与技术创新的关系入手,讨论了我国经济发展碳锁定的产生原因,并针对我国工业化、程式化发展的实际,提出从建立低碳技术创新系统、积极研发低碳技术、发展低碳产业相关技术、营造低碳生活方式所需要的技术等方面寻求碳解锁的途径。李宏伟、杨梅锦(2013)认为打破碳锁定、发展低碳经济的关键在于建立碳解锁治理体系,且该体系具备三个特征,即多元主体参与、系统性和演化性。屈锡华、杨梅锦、申毛毛(2013)认为碳锁定的成因主要在于工业化、程式化特定发展阶段对化石能源的长期依赖,自由能源结构以煤炭为主,公众的低碳消费观念落后,政府对GDP过分追捧,在世界经济格局的不利分工地位等,因此提出打破碳锁定,必须从技术、制度、产业三个层面实施相应的碳解锁策略。孙丽文、任相伟(2019)分析了碳锁定治理过程中诸方利益博弈关系,研究发现中央政府以维护和实现整体公共利益最大化为目标,并确保政策实施的权威性;地方政府以政绩为导向,存在打政策擦边球现象;企业和消费者在市场经济下致力于自身效益的最大化,存在市场失灵的现象;诸方利益诉求的实现在于碳解锁制度路径的建立和实施。该研究提出了政府应加强制度机制建设、企业应强化约束机制、消费者需树立绿色消费意识倒逼低碳转型的建议。

1.4 简要述评

通过国内外文献研究可以发现，低碳经济转型中的碳锁定、碳解锁问题是国内外研究的热点，欧美等发达国家起步较早。研究者主要从国家、行业、企业等不同层面出发，运用路径依赖理论、一般均衡模型、时间序列模型、投入产出和因素分解模型等定性与定量方法，研究了经济和贸易发展所带来的全球能源、碳锁定环境问题，提出了实现低碳经济发展、碳锁定和碳解锁的政策建议。目前研究存在的不足主要体现在：

（1）基于国家宏观和产业层面的碳锁定与碳解锁的影响因素、效率优化及政策研究较多，利用企业微观调研数据对低碳经济发展中碳锁定与碳解锁的企业创新行为、影响因素等进行理论和实证研究的文献还有待补充完善。

（2）针对我国国际贸易和跨国投资中碳锁定与碳解锁特征的研究较多，就长三角典型区域经济发展对碳锁定失衡校正的贡献，从贸易和资本流动角度出发，加强国内区域和国际合作以实现碳解锁为目的的探索还值得深入研究。

（3）文献中探索了单位污染物减排成本方法对 SO_2、NOx 和 CO_2 的锁定与解锁协同控制，以及可再生能源规划目标分解，但从低碳、新能源等技术制度创新角度出发，研究我国经济发达区域能源消费、碳锁定和碳解锁、经济持续发展路径，以及对全球应对气候变化问题贡献度的工作还需加强。

（4）建立优化模型进行节能和碳锁定解锁分析的文献还较少，特别是围绕低碳经济转型中碳解锁为中心的各种路径成本、代价、风险等动态技术经济优化和实施方案的研究还有待进一步加强，以兼顾发达地区率先实现现代化和区域均衡。

（5）利用时间序列、面板序列模型、投入产出和因素分解模型分析碳锁定与碳解锁的研究较多，利用可计算一般均衡（Computable General Equilibrium，CGE）模型进行分析的研究较少。CGE 模型是一个基于新古典微观理论且内在一致的宏观经济模型，可应用于许多研究领域，给出实际的政策建议，并能全面评估政策的实施效果，学界多运用该模型来评估能源危机及税收和贸易政策改革的效果。因此，可利用 CGE 模型对碳锁定与碳解锁进行深入的研究和分析。

2 碳锁定与碳解锁的理论基础及机理分析

2.1 碳锁定与碳解锁的内涵

Paul A. David(1985)首次提出,由于历史因素,行业会选择某种技术,一旦此类技术被锁定,行业将排斥以后出现的更优技术,这种现象被称为"锁定"(lock-in)。Arthur(1988)通过研究技术竞争中出现的低效技术替代高效技术现象,进一步明确了"技术锁定"的概念,即历史上出现的意外事件导致初始技术选择的偶然性,这些技术通过自增强机制,使得未来技术增进固化在原有路径上。此后,Krugman(1987)、Lucas(1988)、Barro(1995)等提出了"分工锁定"的概念,即发展中国家在参与国际贸易过程中被锁定低端附加值的现象。而North(1990)在运用路径依赖理论来解释制度变迁问题的过程中,发掘出"制度锁定"的概念,即因偶然因素而选择的制度会带来一系列的制度收益递增和正的外部性,导致该体制沿着既定的方向不断自我强化,并锁定在这一路径上难以变化。

早期关于碳锁定问题的研究主要是被纳入在探寻最优经济增长模式的议题之中。20世纪60年代,国外学者已经关注工业化进程中普遍出现的高能耗、高污染行业比重偏高问题,如何解决这一棘手问题成为发展经济学研究无法回避的理论难题。从发展经济学的视角而言,碳锁定主要是一国产业结构调整与升级的问题,并没有深入到技术和制度锁定的层面。

但是,西班牙学者Unruh(2002)认为,碳锁定更大意义上是技术和制度层面的锁定状态,这种状态不仅工业化国家难以摆脱,而且会蔓延到欠发达国家,即"碳复制"现象。他从系统和演化的角度指出,世界工业经济的发展导致形成了以化石燃料为基础的技术锁定状态,其不仅具有巨大的系统惯性,而且会带来市场和政策的失灵,从而阻碍低碳技术的替代和发展。从成因的内在逻辑来看,碳锁定的形成基础是技术锁定,但真正形成是在制度进入之后，即所谓的技术体制复合体（TIC）。制度变迁过程中会出现路径依赖和锁定的特征，社会环境复杂且相互依赖，技术变迁过程中的报酬递增机制会增强制度自身的稳定性。相互关联的制度机制网络会产生报酬递增的现象，进而更加强化制度自身的稳定，如此循环形成正相关的路径依赖。因此，“碳锁定”概念从理论发展脉络而言，主要是技术锁定和路径依赖理论在环境技术经济演化研究中的具体应用与拓展，实质上是一种技术与制度的双重锁定，这两种锁定效应互为强化，能够产生抵御外部冲击的强稳定性。

上述几位学者有关碳锁定的内在形成机理研究，主要可概括为三种观点：第一种观点是从技术供给视角解释。碳锁定主要是由于嵌入工业化的技术进步，大多数是基于高碳技术演化而来，源源不断的高碳技术市场供给，拓宽了高碳技术的市场空间，通过规模经济、学习效应和协调效应获得报酬递增。例如，能源技术高碳化、材料技术高碳化、加工制造技术高碳化，高碳技术通过先发优势俘获市场份额，排挤低碳技术的进入，结果导致市场对高碳技术依赖，并使得该技术得到进一步改进和使用，最终形成碳锁定。第二种观点是技术需求视角解释。化石原料存量优势形成的能源禀赋结构从本质上决定了高碳技术具有成本低、效益高、回报高的特征，诱导企业的能源需求偏向高碳技术。而现有的重化工业、原料加工业都是建立在低成本的化石能源基础上，因此成本诱导下的高碳技术需求是碳锁定形成的主要原因。第三种观点认为碳锁定是技术与制度的共同作用。这种观点认为，技术原因形成的路径依赖是一个重要诱因，但还不足以导致碳锁定，制度因素也是不可忽视的一个重要变量。技术分析建立在成本—收益视角上，但这只是一个内生变量，而制度是一个外生变量，外生变量在碳锁定中起着更重要的作用。综上来看，现有关于碳锁定的形成机理研究主要突出了制度、技术及技术与制度综合体的影响作用，较清晰地勾勒了其关系脉络。

Unruh提出现代工业发展需打破碳锁定现状，实现碳解锁，碳解锁的实质就是实现碳基技术体制的替代或低碳化转型。在此之后，西方学者最初以发达国家为对象，从制度、协议、技术、政策等方面对碳锁定进行了研究。随后，研究对象逐步扩展到以中国、印度等为代表的发展中国家，探讨发展中国家实现碳解锁的可能性和路径选择。Unruh（2002）从理论角度总结出在制度和技术两个层面实现碳解锁，提出制度在低碳技术产生和扩散过程中有重要作用，而政府在促进技术系统改变中扮演重要角色；Unruh还提出，低碳技术最先在“缝隙市场”上获得发展，培育成熟后逐渐在主流市场上扩散开来。

中国学者对碳解锁的研究在近几年开始，主要是从技术进步和制度角度来研究中国碳解锁路径的可能性。在技术进步方面，主要指低碳技术和清洁能源的推广及应用使碳排放与经济增长表现出一定程度的脱钩状态；在制度方面，主要强调政府在制度中的作用，从政策制定到低碳技术系统形成，均肯定了政府的指导作用。

2.2 相关理论基础

2.2.1 脱钩理论

“脱钩”指两个事物之间脱离关系，在减排领域是指让经济发展逐渐摆脱对化石燃料的依赖，实现经济发展与碳排放之间的脱钩。有关经济和环境之间的“脱钩”(decoupling)，欧洲经济合作与发展组织(OECD)在2002年《由经济增长带来环境压力的脱钩指标》报告中首先有所提及。OECD使用“脱钩指标”描述环境变量与经济驱动因素之间的关系。“脱钩”意味着解除环境污染和经济发展间的相关关系。为进一步对脱钩现象进行定量分析，OECD建立了驱动力、环境压力、环境状态、影响等角度(Driving Force-Pressure-State-Response, DPSR)的相关指标体系，应用“脱钩指标”(decoupling indicators)来测量脱钩情况。脱钩指标中，EP为环境压力变量(environmental pressure，如 CO_2 排放量)，DF为经济驱动力变量(driving force，如GDP)，下标0和T分别表示初期与末期指标值，用公式表示如下：

$$DI = \frac{EP_T}{DF_T} \Big/ \frac{EP_0}{DF_0} \tag{2-1}$$

$$\text{脱钩因子} = 1 - \text{脱钩指数} \tag{2-2}$$

脱钩指标建立的目的主要是描述一个国家经济驱动因子和环境压力变量之间的状态，衡量一个国家环境和经济政策的有效性如何，并为政府制定脱钩政策提供参考依据。OECD明确了脱钩指标建立的原则：(1)指标必须有一定程度的政策相关性，能够提供环境压力、状态及反应，并以简单的方式显示出趋势变化，反映环境变化与人类活动的相关性，能够提供国际比较基础，必须建立一个目标值和阈值。(2)指标必须具备理论基础，有国际标准和国际共识，能够与经济模型、预测模型和咨询系统相连接。(3)指标资料可以低成本高质量获取，并且更新速度快。

Juknys(2003)将自然资源利用与经济增长之间的脱钩称为初级脱钩(primary decoupling)，将环境污染与自然资源的脱钩称为次级脱钩(second decoupling)，并以立陶宛为对象，利用初级脱钩和次级脱钩理论分析了 1991—2000 年经济转型期间经济增长、资源消耗和环境质量的变化；Herry Consult Gam H. (2003)等认为经济增长会导致运输量需求增大，他们以经济增长为驱动因子、运输量为压力变量，对奥地利的经济增长与运输业需求情况进行了脱钩分析。

脱钩还可以进一步分为绝对脱钩(absolute)和相对脱钩(relative)。绝对脱钩是指环境压力变量的增长率稳定或递减，而经济驱动力的增长率递增的情形；相对脱钩是指环境压力变量的增长率虽为正，但其增长幅度小于经济驱动力增长率的情形。另外，还有初级脱钩、次级脱钩、双重脱钩等概念，初级脱钩是指经济增长与自然资源利用之间的脱钩，衡量自然资源消耗与经济增长之间关系的变化；次级脱钩是指自然资源和环境污染之间的脱钩，衡量环境污染与能源利用之间的关系变化；如果达到初级脱钩与次级脱钩则称为双重脱钩。

芬兰学者 Tapio 对脱钩理论的完善起到了重要的推动作用。Tapio 认为，OECD 脱钩指标以期初期末值为参数，对基期年份的选择较敏感，年份的选定对结果会产生很大的影响。Tapio(2005)通过研究"经济增长—交通运输量—碳排放"这一因果关系链来研究欧洲经济发展与碳排放之间的关系。在研究经济发展与碳排放之间的关系时，Tapio 将交通运输量作为中间变量，用脱钩指标进行实证分析。Tapio 的创新之处在于将弹性的概念引入到脱钩指标的计算中，而没有采用 OECD 的脱钩指数方法指数，脱钩指标计算公式如下：

$$\varepsilon = \left(\frac{\Delta CO_2}{CO_2} \Big/ \frac{\Delta V}{V}\right) * \left(\frac{\Delta V}{V} \Big/ \frac{\Delta GDP}{GDP}\right) = \frac{\Delta CO_2 / CO_2}{\Delta GDP / GDP} \tag{2-3}$$

由此，Tapio(2005)引入了弹性概念，同时考虑了总量和相对量两种指标，使得对脱钩关系的度量更为准确。Tapio 把脱钩指标进一步细分为脱钩、负脱钩和连结三种状态。根据弹性值的不同，可以将脱钩分为弱脱钩、强脱钩和衰退脱钩；相应地，负脱钩可分为弱负脱钩、强负脱钩和扩张性负脱钩三种；连结可分为增长连结和衰退连结。Tapio(2005)的脱钩类型的具体划分如表 2-1 所示。在脱钩的各种情景中，强脱钩是最理想状态，表明经济发展水平最佳，强负脱钩对经济发展则最不利。相比 OECD 指标，Tapio 对脱钩指标的研究和划分更加深入与合理，使之在理论上更加成熟完整，因此能更好地反映某一地区不同考察期内经济发展和环境压力之间的关系（李忠民等，2011）。

表 2－1　Tapio(2005)的脱钩类型划分

类型	状态	经济增长	环境压力	弹性 e
脱钩	弱脱钩	＞0	＞0	0＜e＜0.8
	强脱钩	＞0	＜0	e＜0
	衰退脱钩	＜0	＜0	e＞1.2
负脱钩	弱负脱钩	＜0	＜0	0＜e＜0.8
	强负脱钩	＜0	＞0	＜0
	扩张负脱钩	＞0	＞0	＞1.2
连结	增长连结	＞0	＞0	0.8＜e＜1.2
	衰退连结	＜0	＜0	0.8＜e＜1.2

OECD 指标计算脱钩指数是利用不同时期的压力变量和驱动因子的比值，而 Tapio 引入了弹性的概念，对压力变量和经济驱动因子的弹性值指标结果进行分析，进一步完善了脱钩模型。但是，脱钩模型仍不是完美的，在以下方面存在着不足：第一，在资源禀赋、经济结构等因素的影响下，环境压力变量的绝对水平的重要性高于与经济驱动因子的关系，但脱钩指标并不能反映环境压力变量的绝对水平的影响和作用。第二，初次测试时间的选择对脱钩指标分析结果影响很大。第三，不同国家之间由于地理环境、人口、文化习惯存在不同，使脱钩指标的可比性大大降低。最后，脱钩指标无法解决一个环境压力变量受多个驱动因子影响的复杂关系。

2.2.2　经济增长的环境效应论

20 世纪 50 年代，美国经济学家 Simon Kuznets 首次发表如下结论：在经济未达到充分发展的阶段，收入分配将随之发展而日趋不平等。其后，经历收入分配进入一个比较稳定的时期，当经济发展到充分的阶段，收入分配亦将趋于平等。美国经济学家 Grossman 和 Kreuger(1991)在实证研究中验证了这个结论，他们发现环境污染排放指标（SO_2 和烟尘的排放量)与人均 GDP 之间存在着倒 U 型曲线的关系。1995 年,Grossman 和 Kreuger 在对多个国家的环境污染物排放量的变动情况进行分析后提出环境 Kuznets 曲线的假说,该假说认为:大多数国家的环境污染与人均国民收入的变动趋势之间呈倒 U 型关系,即经济发展的初期,环境的污染程度会恶化,而当经济发展至一个比较稳定的阶段,环境的污染程度会趋于好转。环境的污染程度将在人均国民收入达到 4 000—5 000 美元时达到峰值。这种经济增长和环境污染的关系与 Kuznets 提出的经济增长和收入不均的关系相类似,故人们称之为“环境库兹涅茨曲线”(Environmental Kuznets Curve,简称 EKC)。

在对经济增长和环境质量二者关系的研究中,Grossman 和 Kruger (1992)在环境库茨涅茨曲线的基础上,提出将经济增长对环境的影响分解为规模效应、结构效应和技术效应三种途径。

(1) 规模效应:随着经济总量和规模的扩大,需要消耗更多的资源和能源,同时污染物大量排放也带来环境压力的增大,此时规模效应对环境质量的影响是负面的。当经济规模越过拐点,随着收入水平的提高,人们对环境质量的要求也提高,更愿意对环境进行治理和保护,同时经济水平的上升带来技术进步,此时规模效应对环境的影响为正。

(2) 结构效应:在经济发展初级阶段,以第一产业为主的产业结构对碳排放的影响较小。随着第二产业比重的不断上升,高污染、高能耗产业的发展导致碳排放水平的上升,环境面临挑战,此时结构效应对环境影响为负。进入工业化后期,产业结构进一步优化,服务业、知识密集型行业等低能耗高产出的产业成为主导行业,环境压力减少,此时结构效应对环境质量的影响由负转正。

(3) 技术效应:技术进步对环境质量的影响,具体有直接和间接两种。直接效应即通过技术进步提高能源利用效率和单位产出水平,以及使用环境友好型技术代替原有的不清洁技术,从而降低产品生产的污染程度,达到改善环境的目的。间接效应指技术进步通过作用于经济,促进经济增长,然后再作用于环境。

在 Grossman 和 Kruger 研究的基础上,后续又有学者提出了环境需求效应、国际贸易因素、环境政策因素等作为补充,经济增长的环境效应理论得到不断完善,并成为研究经济和环境关系问题的重要理论之一。Rupasingha 等人(2004) 以美国县级截面数据为研究对象,检验了经济增长和环境污染之间的关系,实证发现空间计量下的曲线更加符合实际,估计结果也是稳健的。Maddison 等人 (2006) 参考空间滞后模型,对经济增长与环境污染之间的关系进行了研究，实证结果表明人均 SO_2 排放量与氮氧化合物的排放量均受到相邻国家或地区的影响。

2.2.3 低碳经济与可持续发展理论

低碳经济理念脱胎于全球变暖和能源危机的大背景，正式提出见诸2003年英国政府的能源白皮书《我们未来的能源：创建低碳经济》，并引起了国际社会对低碳话题的广泛关注和讨论。在白皮书中，英国提出了具体的减排目标，力图通过技术和市场开展节能减排，使英国成为低碳经济国家。2005年《京都议定书》的生效标志着“经济低碳化”国际规则的形成，世界各国特别是发达国家开始制定和推出低碳经济发展战略，低碳经济在世界范围内如火如荼地开展起来。

目前，国际上对低碳经济尚未形成一个统一的定义，但几乎所有的定义都指出，低碳经济的核心是较低的温室气体排放，目标是能够应对能源、环境和气候变化带来的挑战并实现可持续发展。此处总结较有代表性的国内外的定义如下：

表 2-2　低碳经济的含义

提出者	定　义
Rubens	低碳经济是政府和市场的双重作用，通过制度、政策创新推动低碳技术开发应用，实现向低能耗、低排放、高产出的发展模式转型。
Tom Delay	低碳经济是一种提高能源利用效率、减少二氧化碳排放的经济发展方式。
庄贵阳	低碳经济包含低碳排放、高碳生产力、阶段性三个核心特征，其实质是提高能源利用效率和改善能源消费结构。
夏堃堡	低碳经济包括低碳生产和低碳消费，而低碳生产是一种可持续的生产方式。
潘家华	低碳经济是一种经济形态，目标是低碳高增长，在该情形下，碳生产力和人文发展均达到一定水平。

由上述定义不难发现，针对低碳经济是一种发展模式还是经济形态，目前尚未达成明确共识，但都体现了低碳经济技术性、经济性和目标性的特点。低碳经济以减少全球温室气体排放为目标，力图构建低能耗、低污染的经济发展体系，其核心是创新和转变，即产业结构、技术和制度的创新，以及人类生存与发展观念的彻底变革。综合已有观点，本书认为，低碳经济是一种经济形态，更是一种经济发展模式，通过制度创新和技术突破，

实现发展经济、节约资源、保护环境等多重目标，是人类社会实现可持续发展的必要选择。

发展低碳经济已成为全人类共识，是应对气候危机、实现可持续发展的有效模式，但在确定发展目标时还应结合自身经济发展水平、资源禀赋、科学技术水平等具体情况。一般认为，低碳经济可以有以下三种情形，即温室气体排放的增长速度小于国内生产总值的增长速度、零排放，以及绝对排放量的减少。对中国等发展中国家来说，目标应该是相对的低碳发展，而对发达国家来说，应当履行减排义务，实现碳排放总量的绝对减少。

20世纪以来，工业化进程的加快带来了资源枯竭、生态失调、环境恶化等一系列问题，人与自然关系恶化，人们开始对“增长＝发展”这一传统发展模式产生怀疑。在此背景下，可持续发展理论(Sustainable Development Theory)作为一种新的发展理念应运而生，并成为研究经济增长的一个重要经济理论。罗马俱乐部在《增长的极限》中明确提出了“持续增长”和“合理的持久的均衡发展”的概念。1987年，世界与环境发展委员会(WECD)发布的《我们共同的未来》一文正式提出了可持续发展概念，并得到了广泛共识和认可。可持续发展的定义是，满足当代人需求的同时，又不对后代人满足其需求的能力构成威胁的发展。具体来说，就是谋求社会经济的发展要与人口、资源、环境等诸多因素相协调，倡导公平持续的发展，使人类需求得到满足，自身充分发展的同时，又要保护资源和生态环境免遭破坏。

可持续发展的基本内涵包括：第一，发展的观念，它鼓励经济增长，经济发展对于一个国家特别是发展中国家来说，是摆在第一位的。集约型的经济增长方式体现了可持续发展的要求，即不仅要重视经济数量增长，更要追求经济发展质量的提高。第二，公平的观念，包括当代人之间，即一个国家或地区的发展不能以损害其他国家或地区的发展能力为代价，以及当代人和后代人之间，即当代人的发展不能以损害后代人的发展能力为代价。第三，环境的观念，经济发展和环境保护两者是辩证统一的。发展社会经济需有足够的资源和良好的环境作为依托，而环境的保护和改善也需要资金、技术的支持。发展经济活动不能超出资源和环境的承载范围。第四，权利的观念，每个国家或地区都享有平等发展的权利，每个人都享有正当的环境权利。

相比只强调资本或只强调资本和劳动力而忽略环境与自然资源在发展过程中的作用的传统经济增长理论，可持续发展理论否定了过分强调环保的“零增长”模式与过分强调经济增长的偏激理论，提出要兼顾生存和发展,体现了经济、生态和社会三者可持续发展的协调一致。显然,在新的世纪,自然—经济—社会复合系统的持续、稳定和协调发展才是人类共同追求的目标。

高碳排放一直是中国经济的工业化与现代化发展中没有解决的问题。与以低能耗、低污染、低排放为特征的低碳经济相对立的经济发展方式就是高碳经济。在很长一段时间内,中国经济通过高能耗、高污染、高排放得到了发展,但是这样的经济发展模式并不利于可持续发展。我们亟需寻找到新的绿色可再生能源来替代碳能源的使用,也就是使碳能源所造成的对经济总量的损失从整个经济系统中消失,改变经济增长方式,实现经济总量的可持续性发展。保护环境、调整经济结构和产业结构、实现经济增长的可持续发展,必由之路就是发展低碳经济。

2.2.4 碳税理论

外部性使得市场中边际私人成本和边际社会成本、边际私人收益与边际社会收益不相等,使得经济活动的资源配置效率降低。庇古提出通过外部性内在化解决上述问题,这就需要发挥政府在经济活动中的作用。由于产生负外部性的经济主体没有承担治理负外部性的成本,因此政府需要对边际私人成本小于边际社会成本的经济主体施以征税措施。政府通过征税的方式,将污染环境的治理成本增加到产品或服务的生产成本当中,使得产生负外部性的经济主体承担外部性的成本,从而提高了企业或个人的边际私人成本,这样可以使得相关经济主体减少负外部性产品的输出。与之相对应,政府还应对边际私人净收益小于边际社会净收益的经济主体进行适当激励,主要是基于产生正外部性的经济主体并未因此得到额外的经济报酬,政府通过奖励或补贴的方式,鼓励该类经济主体增加产量,即所谓的"庇古税"政策。该政策思路的特点是由政府通过征税或补贴,对微观经济主体或部门进行经济调控,以达到资源的最优配置效果,从而可以实现帕累托最优结果。1972 年 5 月,OECD 依据庇古理论提出"污染者付费原则",使得"外部性内在化"经济理论思想在实践中得以应用,并引发了 OECD 成员国之间引进环境税制的热潮。OECD 国家普遍征收了包括水污染、空气污染、噪音污染、固体废弃物污染等在内的排污费(税)及产品税。

碳税是对 CO_2 排放量课征的一种间接税,目的是缓解全球气候变暖的趋势,减少空气中 CO_2 排放量,抑制温室效应。碳税主要是对以"碳基"为基础的化石能源产生的 CO_2 排放课税,如煤炭、石油、天然气、燃油等化石燃料产生的 CO_2 排放。碳税可对经济社会产生实际影响，促进多元化投资和理性消费，从而达到保护环境，缓解气候变暖的目的。碳税将导致煤炭、石油、天然气等含碳化石燃料价格上涨，降低企业或居民对高耗能化石燃料的投入和需求。总之，碳税不仅增加政府财政收入，还有助于环境保护，碳税调节能源价格，激励低碳绿色能源的利用和研发，提高企业生产中的能源效率，促进投资流向低碳绿色能源产业。

开征碳税对国家或地区的经济和居民生活产生深远影响，在全球环境污染、资源紧缺的背景下，碳税的减排效应也进一步凸显出来，并被大多数国家采纳实施且取得了显著的效果。国内外学者采取不同的研究视角、运用不同的研究方法、基于不同的研究理论，对碳税的影响进行了定性或定量的分析。Eto 和 Uchiyama(2010)采用"污染者付费"(PPP)和"使用者付费"(UPP)两种计税模式，构建区域 CGE 模型和 MRIO 模型模拟碳税征收对区域宏观经济变量的影响，认为两种计税模式均会对地区总产值产生负面影响，但"使用者付费"计税模式对能源消费的抑制效果更加显著。Dissou 和 Sun(2013)假设刚性劳动力市场征收碳税对加拿大的经济影响，提出应该将碳税收入补贴给居民，征收碳税所带来的收益超过了减排成本。Abe 和 Hayashiyama(2013)构建了日本 CGE 模型模拟分析碳税对日本经济的影响，提出碳税对不同地区和行业的影响存在差异性。娄峰(2014)基于动态 CGE 模型，就碳税对我国宏观经济及减排的影响进行模拟分析，从不同碳税水平、不同能源使用效率、不同碳税使用方式对中国宏观经济、社会福利和减排效果进行分析，研究表明在能源消费环节征收碳税可以实现碳税的"双重红利"。

国内外学者的大量研究均认为碳税具有减排效应，能够有效抑制 CO_2 排放量。碳税对经济增长具有双重性，一方面，开征碳税对经济社会个人投资产生负面影响，对经济增长具有紧缩作用；另一方面，碳税能增加政府的收入，有助于扩大政府的投资规模，反过来会刺激经济的增长。但是，就征收碳税的长期效果来看，碳税对减少环境治理成本具有显著效果，有助于促进能源消费结构的转变。同时，国内外学者对在我国推行碳税政策进行了大量的理论和实证分析，提出碳税政策对我国能源结构调整、产品升级和更新换代具有重要影响。

当前，对我国开征碳税的研究大多从宏观层面来分析碳税征收对宏观经济变量的影响，从行业角度分析碳税影响的研究较为少见，相关研究或者行业划分不够详细，或者行业分析不够细致。开征碳税可以抑制 CO_2

排放，促进节能减排的实施，从而对实现我国 2020 年减排承诺具有重要的现实意义。同时，将碳税对宏观经济变量的影响之分析扩展到对不同行业的影响及要素在行业内的再分配，有助于更加全面客观地评价碳税政策实施的可行性和必要性。

3　长三角工业碳锁定及碳解锁比较和经验借鉴

我国工业经济面临发展和减排的双重压力，但改革开放以来逐步形成的以重化工业为基础的产业结构和以化石能源为主的能源结构导致我国碳排放水平居高不下，工业低碳化转型困难重重。尽管2017年我国取得了碳排放量下降0.37%的阶段性减排成果，但是从总量上看仍不容乐观。工业部门是我国的能源消耗和碳排放大户，加快工业碳解锁进程，对工业产业的低碳化转型和我国减排目标的完成有至关重要的影响。长三角地区是我国工业发达地区，以省域为研究对象，比较研究我国长三角地区工业碳排放及碳解锁同其他地区的差异，可以为各地因地制宜地寻求碳解锁对策提供借鉴参考。

3.1　长三角工业碳排放测算

3.1.1　工业碳排放的测算方法

工业碳排放主要来自工业生产过程中化石燃料能源的燃烧。目前，我国还没有较为权威的关于碳排放量的计算方法，大部分的数据都是通过对能源消耗量的测算得出的，其基本框架为活动水平数据乘以排放因子。本章参考IPCC(Intergovernmental Panel on Climate Change，联合国政府间气候变化专门委员会)温室气体排放清单指南中的方法，利用《中国统计年鉴》和《中国能源统计年鉴》中的相关原始数据，对我国30个省市(西藏、港澳台地区由于缺少数据不进行计算)的工业能源消耗CO_2排放量进行估算，具体计算公式为：

$$CO_2 = \sum_i CO_{2i} = \sum_i E_i * NCV_i * EF_i * COF_i * \frac{44}{12} \qquad (3-1)$$

其中，CO_{2i} 表示i种能源消耗所产生的 CO_2 排放总量(万吨)；E_i 表示i种能源终端消费量；NCV_i 表示i种能源的平均低位发热量，数值参考《中国能源统计年鉴》附录四；EF_i 为碳排放因子；COF_i 为碳氧化率，各能源的碳氧化率均在98%以上，为简便计算，本章均假设为1；44/12为 CO_2 与 C 的分子量比值。在能源种类选取方面，2011年及之后的《中国能源统计年鉴》中，终端能源消费种类较之前的增加了煤矸石、高炉煤气、转炉煤气、液化石油气等10种能源。考虑到这些能源的消耗量较少，且缺少碳排放系数等相关数据，以及为确保统计数据的口径相一致，本章将最终能源消费种类分为原煤、洗精煤、其他洗煤、型煤、焦炭、焦炉煤气、其他煤气、原油、汽油、煤油、柴油、燃料油、液化石油气、炼厂干气、天然气、其他石油制品、其他焦化产品及其他能源共计18种。考虑到能源终端消费及电力、热力来源，为避免重复计算，本章不再计算能源终端消费部门电力和热力的碳排放。各类能源的平均低位发热量、碳排放因子及折标煤系数如表3-1所示，其中非气体能源折标煤系数的单位为千克标准煤/千克，气体能源折标煤系数的单位为千克标准煤/立方米。

表3-1　各类能源的平均低位发热量、碳排放因子及折标煤系数

能源分类	IPCC碳排放因子(Kg/TJ)	平均低位发热量(KJ/Kg或KJ/M³)	折标煤系数(Kgtec/Kg或Kgtec/M³)
原煤	25.80	20908	0.7143
洗精煤	25.80	26344	0.9000
其他洗煤	25.80	8363	0.2857
型煤	25.80	20908	0.7143
焦炭	29.20	28435	0.9714
焦炉煤气	12.10	17981	0.5929
其他煤气	12.10	16970	0.5929
原油	20.00	41816	1.4286
汽油	18.90	43070	1.4714
煤油	19.60	43070	1.4714
柴油	20.20	42652	1.4571
燃料油	21.10	41816	1.4286
液化石油气	17.20	50179	1.7143
炼厂干气	15.70	45998	1.5714

续表

能源分类	IPCC 碳排放因子（Kg/TJ）	平均低位发热量（KJ/Kg 或 KJ/M³）	折标煤系数（Kgtec/Kg 或 Kgtec/M³）
天然气	15.30	38 931	1.330 0
其他石油制品	21.10	41 816	1.428 6
其他焦化产品	29.20	28 435	0.971 4

数据来源：根据《中国能源统计年鉴》《IPCC 国家温室气体清单指南》整理得到。

注：型煤折标煤系数用原煤的系数代替；其他能源品种的碳排放系数采用国家发改委能源研究所的推荐值 0.67 Kgc/Kgce。

根据公式(3－1)及各类能源消耗量等相关数据，可计算得到各省市历年的工业碳排放量。

3.1.2　工业碳排放总量比较分析

图 3－1 描述了 2005—2017 年我国工业碳排放和工业增加值的变化情况。从碳排放总量上看，在 2013 年以前基本呈逐年递增的趋势，但是在 2013 年后开始出现下降。2005 年的工业碳排放水平为 270 096.72 万吨，2017 年达到 361 325.68 万吨，共增加碳排放 91 228.96 万吨。与此同时，工业增加值总体保持增长态势，2009 年增量明显减少，这可能和 2008 年全球金融危机影响有关。从图中也可以看出，我国工业增加值和工业碳排放之间存在较强的正相关性，说明我国的工业产值提高伴随了较高的能源消耗，经济增长的高碳化较明显，近年来略有缓和。

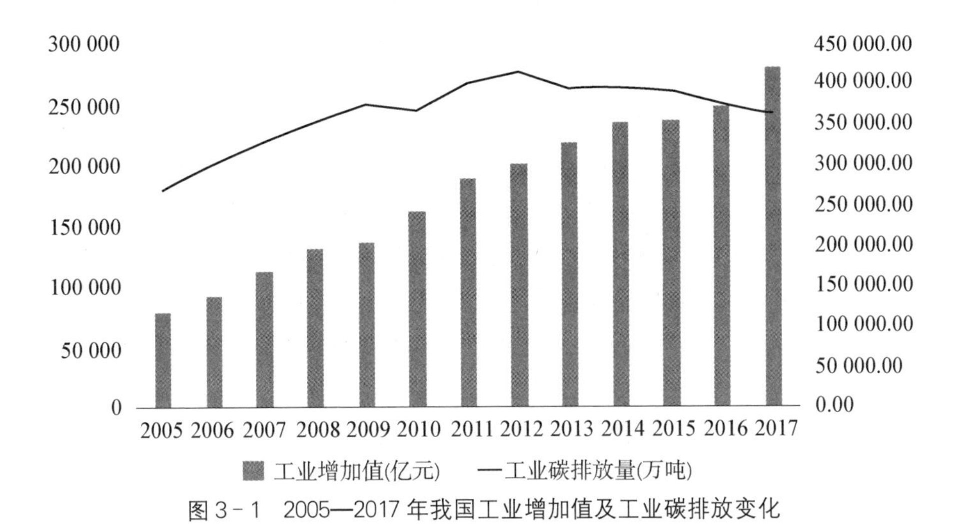

图 3－1　2005—2017 年我国工业增加值及工业碳排放变化

从增长率来看，考察期内，工业碳排放总量的年均增长率为2.81%。根据增长幅度，可大致划分为两个阶段：2005—2012年，工业碳排放量的增速较快，年平均增长率达到7.47%，其中2006年的增长率超过10%，达到11.59%，为考察期内最高水平。而这个阶段的工业增加值的年均增长率也达到了22.65%，说明工业化发展伴随着较高的能源消耗及CO_2排放水平。2012—2017年，碳排放量增速明显放缓，出现负增长，年平均增长率为−2.43%，说明工业经济发展质量有所提高。虽然2014年的碳排放量增长率有所反弹，达到0.70%，但其余年份均为负增长。总的来说，目前我国工业碳排放水平的增速有所放缓。

借鉴赵雲泰(2011)的做法，参考国务院发展研究中心《地区协调发展的战略和政策》，把30个样本省市划分为八大经济区域，将安徽省从长江中游调整到东部沿海(即长三角地区)，具体划分结果见表3-2。通过该方法划分的各大经济区，经济发展水平相对一致，比起简单划分为东、中、西三大区域能更精确地反映出个体特征，同时也能最大程度地体现出我国工业碳排放的总体特征。

表3-2　经济区域划分标准

经济区域	所含省、直辖市、自治区	经济区域	所含省、直辖市、自治区
东北	辽宁、吉林、黑龙江	黄河中游	陕西、山西、河南、内蒙古
北部沿海	北京、天津、河北、山东	长江中游	湖北、湖南、江西
长三角地区	江苏、浙江、上海、安徽	大西南	云南、贵州、四川、重庆、广西
南部沿海	福建、广东、海南	大西北	甘肃、宁夏、青海、新疆

我国八大地区工业碳排放总量的具体情况如表3-3所示。结合图表可以发现，2005—2017年，随着经济发展加速，各地区的工业碳排放总量大体上均表现为增长趋势，不过在2013年后出现下降趋势。增长较快的地区有大西北、大西南和长江中游，年均增长率分别达到了8.40%、4.73%和3.24%；黄河中游和北部沿海综合经济区的年均增长率虽然只有3.09%和1.21%，但是由于其基数大，因此增加的碳排放量也是不容小视的；东北综合经济区的年增长率为2.78%；南部沿海综合经济区的年均增长率为2.25%；长三角地区的年均增长率相对较低，仅高于北部沿海地区，为1.73%。

表 3-3 2005—2017 年我国八大地区工业碳排放总量(单位: 亿吨)

年份＼地区	东北	北部沿海	长三角地区	南部沿海	黄河中游	长江中游	大西南	大西北
2005	2.56	6.28	4.20	1.97	4.59	2.80	3.38	1.23
2006	3.06	6.77	4.61	2.31	5.16	3.16	3.67	1.41
2007	3.53	7.32	4.94	2.55	5.59	3.45	3.91	1.47
2008	3.57	7.72	5.13	2.77	5.96	3.64	4.52	1.65
2009	3.96	7.94	5.29	3.07	6.38	3.95	4.99	1.72
2010	3.87	7.91	5.08	2.91	6.20	3.89	5.02	1.70
2011	4.28	8.69	5.49	3.02	6.78	4.24	5.69	1.97
2012	4.35	9.03	5.41	3.01	6.42	4.52	6.10	2.29
2013	3.99	8.79	5.26	2.67	6.47	4.07	5.79	2.29
2014	4.02	8.92	5.36	2.75	6.58	3.83	5.73	2.41
2015	3.76	8.15	5.55	2.82	6.67	3.79	5.57	2.38
2016	3.42	7.63	5.36	2.45	6.76	3.83	5.32	2.34
2017	3.41	7.19	5.07	2.50	6.30	3.89	5.29	2.47

数据来源：根据公式 3-1 计算整理得到。

从碳排放量占全国比重来看，在考察期内，北部沿海综合经济区一直是八大区域中最高的，占全国工业碳排放总量的比重基本保持在 22%左右。其次是黄河中游综合经济区，由于包含了我国的能源生产和消费大省，历年工业碳排放总量一直居高不下，占全国的比重保持在 16%—17%。比重最低的为大西北地区，2012 年之前保持在 5%左右，2012 年之后上升趋势较明显，主要是因为该地区的经济在最近几年才有了较快发展，但相比其他经济区而言，碳排放水平还是比较低的。此外，大西北地区的太阳能资源比较丰富，太阳能的充分利用是该地区 CO_2 排放水平在八大区域内最低的另一原因。长江中游、长三角地区及南部沿海这三大综合经济区的比重基本保持不变，分别在 10%、14%和 7%左右波动。北部沿海地区碳排放的比重呈下降趋势，大西南地区所占比重则略有上升。

3.1.3 人均碳排放量分析

人均碳排放量是目前学者在比较地区之间碳排放水平时常用到的一个测度指标，由于其剔除了人口规模的影响，因此更具有可比性。根据上述公式及各省人口数据，得到 2005—2017 年的人均工业碳排放量及其年

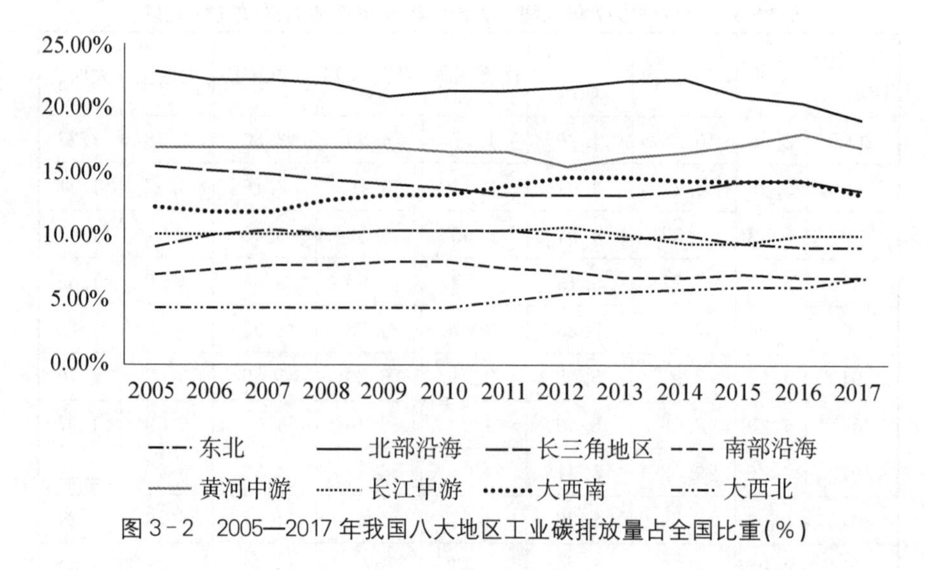

图 3-2　2005—2017 年我国八大地区工业碳排放量占全国比重(%)

均增长率。2005 年，我国的人均碳排放量为 2.07 吨，2017 年达到 2.60 吨，上升了 25.60%。2005—2017 年，我国平均的人均碳排放量为 2.68 吨，其中内蒙古和宁夏的人均碳排放量略高于全国平均水平的 2 倍；河北、山西、辽宁、天津、新疆、山东、吉林、青海、上海、江苏、湖北和重庆的平均人均碳排放量位于全国水平的 1 倍和 2 倍之间；海南的平均人均碳排放量最低，不到全国平均水平的 1/2；其余省市则介于全国平均水平的 1/2 倍至 1 倍之间。可以看到，达到全国人均工业碳排放水平以上的有部分是沿海发达地区(如天津、上海、江苏)，也有其他沿海发达地区(如浙江、广东)未达到全国平均水平。

从增长率来看，从图 3-3 和图 3-4 可以看出，考察年份内，我国各省市的人均工业 CO_2 排放变化水平存在较大差异。考察期内，北京、上海、

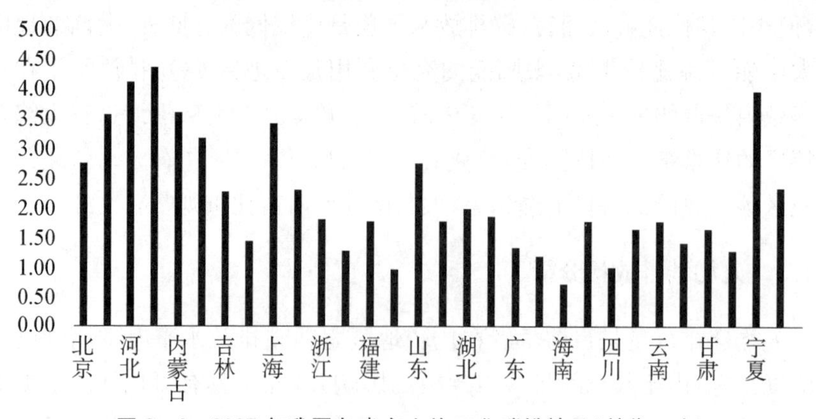

图 3-3　2005 年我国各省市人均工业碳排放量(单位：吨)

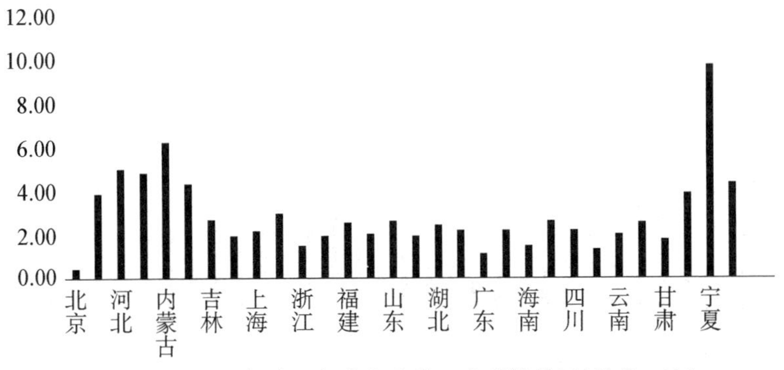

图 3－4　2017 年我国各省市人均工业碳排放量(单位：吨)

浙江和贵州的人均碳排放量下降趋势较明显，广东和山东基本持平，说明这几个地区的碳排放量得到了较好的控制。其他省市均呈现出不同程度的上升趋势，但增长率差别较大(见表 3－4)，其中增长较快的地区有青海、宁夏、四川、江西、海南、广西、新疆、陕西等，青海和宁夏的年均增长率均超过了 10%，说明人均碳排放的重心出现向西南地区转移的趋势，这可能和我国实施“五年计划”，西部加快发展有关。

表 3－4　2005—2017 年各省市人均工业碳排放年增长率(%)

省份	北京	天津	河北	山西	内蒙古	辽宁	吉林	黑龙江	上海	江苏
增长率	－6.96	0.78	1.75	0.87	6.06	3.00	1.41	2.94	－2.98	2.18
省份	浙江	安徽	福建	江西	山东	河南	湖北	湖南	广东	广西
增长率	－1.44	4.31	3.38	9.27	－0.46	0.74	1.63	1.11	－0.95	7.41
省份	海南	重庆	四川	贵州	云南	陕西	甘肃	青海	宁夏	新疆
增长率	8.75	3.91	9.68	－1.65	1.05	6.75	0.39	16.63	12.04	7.22

3.1.4　碳排放强度比较分析

工业碳排放强度等于各省市工业碳排放量和工业增加值的比值，考虑到价格因素不断发生变化，需要对各省市的工业生产总值进行平减。本章选取工业生产者出厂价格指数作为平减指数，将各年度现价格工业产值转化为 2005 年价格基准年可比价。由于碳排放强度取决于两者的比值，碳排放量大且工业增加值高的省市的碳排放强度，可能会低于碳排放量小且工业增加值低的地区。我国各省市工业碳排放强度变化情况如图 3－5 与图 3－6 所示。

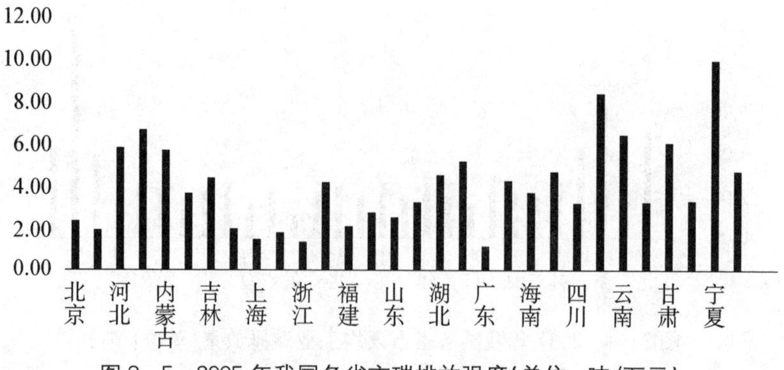

图 3－5　2005 年我国各省市碳排放强度(单位：吨/万元)

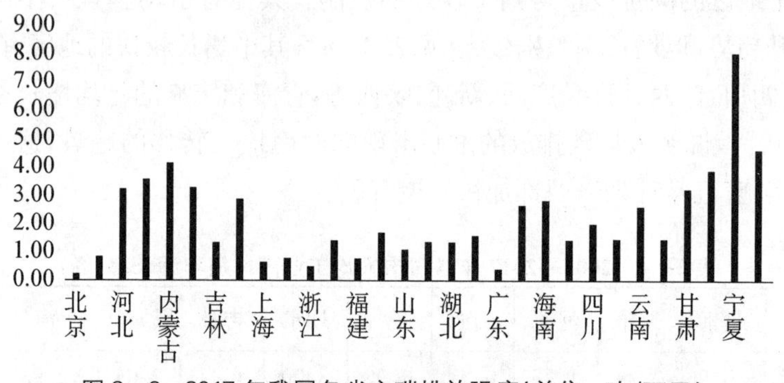

图 3－6　2017 年我国各省市碳排放强度(单位：吨/万元)

从图 3－5 与图 3－6 可以看出，2005—2017 年，各省市的碳排放强度均呈现出下降趋势。2005 年至 2017 年，全国的平均碳排放强度从 4.27 吨/万元下降到了 1.35 吨/万元，下降了 68.38%。碳排放强度最高的一直是宁夏，从 2005 年的 10.50 吨/万元下降到 2017 年的 8.02 吨/万元，下降幅度为 23.62%。相比其他省市，宁夏的高耗能产业过多且产能过剩(钢铁、水泥、焦炭等)，煤炭消耗巨大，同时工业产值较低，导致碳排放强度一直在全国平均值的 2 倍以上，产业结构转型压力大。碳排放强度最低的省份略有变化，2005 年最低的是广东，为 1.20 吨/万元，之后的 2008 年和 2011 年均为浙江，从 2008 年的 1.15 吨/万元下降到了 2011 年的 0.83 吨/万元。2017 年，碳排放强度最低的是北京，仅为 0.21 吨/万元，与最高值的宁夏相差达 38.19 倍。

3.2 长三角工业碳解锁进程

3.2.1 工业碳解锁进程的判定方法

参考 Tapio 关于交通运输量与经济增长关系的脱钩理论，并借鉴赵一平(2006)等人的方法，对长三角工业碳解锁的动态演化特征进行比较研究。分别用 Y 与 C 表示各省市工业产出值和工业 CO_2 排放量，则 C/Y 表示单位工业产出的能源消耗碳排放水平，即碳排放强度。这三个变量的变化量可表示为：

$$\Delta C_{t,t+1}=C_{t+1}-C_{t} \tag{3-2}$$

$$\Delta Y_{t,t+1}=Y_{t+1}-Y_{t} \tag{3-3}$$

$$\Delta (C/Y)_{t,t+1}=(C/Y)_{t+1}-(C/Y)_{t} \tag{3-4}$$

如表 3－5 所示，结合实际，考虑除去变量为 0 的情况，一共存在以下 6 种情况：(1)当产出下降，碳排放量和碳排放强度同时上升，即经济和能源表现为强复钩，定义为“绝对锁定”；(2)当产出和碳排放量均下降，碳排放强度反而上升，即经济和能源表现为弱复钩，定义为“相对锁定”；(3)当产出、碳排放量和碳排放强度同时表现为上升状态，即经济和能源表现为扩张性复钩，定义为“增长锁定”；(4)当产出、碳排放量和碳排放强度同时表现为下降状态，则为“衰退解锁”；(5)当产出和碳排放量均上升，碳排放强度反而下降，说明经济和能源表现为弱脱钩，定义为“相对解锁”；(6)当产出增长，碳排放量和碳排放强度处于下降状态，则表现为“绝对解锁”。

表 3－5 碳锁定/碳解锁状态类型

	状态	△C	△Y	△(C/Y)
(1)	绝对锁定	>0	<0	>0
(2)	相对锁定	<0	<0	>0
(3)	增长性锁定	>0	>0	>0
(4)	衰退性解锁	<0	<0	<0

续表

	状态	△C	△Y	△(C/Y)
(5)	相对解锁	>0	>0	<0
(6)	绝对解锁	<0	>0	<0

注：借鉴王志华(2012)、沈友娣(2014)等人的分类整理得到。

以上6种情况中，绝对锁定对经济的低碳发展最为不利；相对锁定、增长性锁定、衰退解锁和相对解锁表明未实现经济和能源的严格脱钩，不利于可持续发展的实现；绝对解锁是最理想的状态，也是低碳经济发展的目标。

本章使用的工业产值数据来自2006—2018年的《中国统计年鉴》，单位为亿元。计算工业产值以2005年为基准年，其他年份的工业产值数据通过价格指数PPI进行转化。

3.2.2 我国工业碳解锁整体演变趋势

2005—2017年，我国工业碳解锁状态的各项数据如表3-6所示。可以看到，2005—2014年，我国工业基本表现为相对解锁，即碳排放强度有所下降，工业总产值和CO_2排放水平表现为“双增长”；2008—2009年，我国工业发展出现了增长性锁定状态，说明工业产出、碳排放水平和碳排放强度均表现出增长态势；2009—2010年、2012—2013年分别出现了绝对解锁，且2014—2017年都为绝对解锁，说明工业增长与环境得到较好的协调发展。

表3-6　2005—2017年我国工业碳解锁状态分析

年度	△C	△Y	△(C/Y)	解锁状态
2005—2006	31294.29	14159.40	−0.14	相对解锁
2006—2007	26160.14	16554.65	−0.21	相对解锁
2007—2008	22052.84	15091.16	−0.16	相对解锁
2008—2009	23397.39	6104.89	0.05	增长性锁定
2009—2010	−7150.07	33278.37	−0.57	绝对解锁
2010—2011	35854.39	22443.01	−0.06	相对解锁
2011—2012	9610.53	18645.69	−0.14	相对解锁
2012—2013	−18114.32	19305.19	−0.24	绝对解锁

续表

年度	△C	△Y	△(C/Y)	解锁状态
2013—2014	2766.73	13095.35	−0.08	相对解锁
2014—2015	−9046.03	6585.94	−0.10	绝对解锁
2015—2016	−15760.93	13826.10	−0.17	绝对解锁
2016—2017	−9835.46	13140.99	−0.12	绝对解锁

我国工业的碳解锁状态和目前我国经济发展尚处于工业化中期有较大关系。2005年开始，我国陆续出台各项节能减排政策，“五年规划”也明确提出了单位产值能耗的减排目标。2014年以前，我国工业多表现出相对解锁的态势；2014年之后，我国工业表现出绝对解锁的态势，这也说明了节能减排的工作取得了一定成果。但是，作为未来的发展方向，我国工业应该逐步实现由相对解锁向绝对解锁的转型。

3.2.3 我国工业碳解锁进程的省际比较

利用各省市工业产值和工业碳排放数据，得到2005—2017年的碳排放和经济发展之间的脱钩指标，上述分类的最终结果如表3-7所示。

表3-7 2005—2017年各省市工业碳解锁状态分析

地区	省市	2005—2006	2007—2008	2009—2010	2011—2012	2012—2013	2013—2014	2016—2017
东北地区	辽宁	增长锁定	相对解锁	绝对解锁	相对解锁	绝对解锁	相对解锁	绝对锁定
		0.01	−0.65	−0.68	−0.18	−0.50	−0.04	0.08
	吉林	增长锁定	相对解锁	相对解锁	绝对解锁	绝对解锁	相对解锁	衰退性解锁
		0.20	−0.49	−0.57	−0.47	−0.26	−0.21	−0.05
	黑龙江	增长锁定	绝对解锁	绝对解锁	绝对锁定	衰退解锁	绝对锁定	绝对锁定
		0.26	−0.25	−0.49	0.20	−0.05	0.14	0.51
北部沿海	北京	相对解锁	衰退解锁	相对解锁	绝对解锁	绝对解锁	绝对解锁	绝对解锁
		−0.01	0.19	−0.13	−0.09	−0.16	−0.12	−0.04
	天津	相对解锁	相对解锁	绝对解锁	相对解锁	绝对解锁	相对解锁	衰退性解锁
		−0.04	−0.13	−0.44	−0.02	−0.15	−0.06	−0.02
	河北	相对解锁	相对解锁	相对解锁	相对解锁	绝对解锁	相对解锁	相对锁定
		−0.10	−0.44	−0.51	−0.29	−0.31	−0.21	0.24

续表

地区	省市	2005—2006	2007—2008	2009—2010	2011—2012	2012—2013	2013—2014	2016—2017
	山东	相对解锁	相对解锁	相对解锁	相对解锁	绝对解锁	增长锁定	衰退性解锁
		−0.33	−0.09	−0.08	−0.06	−0.23	0.01	−0.07
长三角地区	江苏	相对解锁	相对解锁	绝对解锁	绝对解锁	绝对解锁	相对解锁	绝对解锁
		−0.12	−0.02	−0.26	−0.15	−0.15	−0.05	−0.08
	浙江	相对解锁	相对解锁	绝对解锁	绝对解锁	绝对解锁	相对解锁	衰退性解锁
		−0.15	−0.03	−0.17	−0.06	−0.07	−0.01	−0.05
	上海	增长锁定	绝对解锁	绝对解锁	绝对解锁	相对解锁	绝对解锁	绝对解锁
		0.07	−0.04	−0.37	−0.07	−0.03	−0.04	−0.11
	安徽	相对解锁	相对解锁	相对解锁	相对解锁	相对解锁	相对解锁	绝对解锁
		−0.04	−0.57	−0.32	−0.22	−0.29	−0.09	−0.07
南部沿海	福建	相对解锁	相对解锁	相对解锁	相对解锁	绝对解锁	相对解锁	绝对解锁
		−0.09	−0.11	−0.18	−0.12	−0.23	−0.04	−0.04
	广东	增长锁定	增长锁定	绝对解锁	绝对解锁	绝对解锁	绝对解锁	增长锁定
		0.06	0.03	−0.26	−0.08	−0.19	−0.06	0.001
	海南	相对解锁	增长锁定	相对解锁	绝对解锁	绝对解锁	增长锁定	绝对解锁
		−0.53	0.02	−0.43	−0.44	−0.26	0.31	−0.14
黄河中游	陕西	绝对解锁	相对解锁	相对解锁	相对解锁	相对解锁	相对解锁	绝对解锁
		−0.94	−0.30	−0.25	−0.15	−0.14	−0.01	−0.17
	山西	相对解锁	相对解锁	相对解锁	增长锁定	相对解锁	相对锁定	绝对解锁
		−0.28	−0.66	−1.07	0.13	−0.06	0.23	−0.82
	河南	增长锁定	相对解锁	相对解锁	绝对解锁	绝对解锁	相对锁定	绝对解锁
		0.03	−0.50	−0.27	−0.45	−0.31	0.09	−0.12
	内蒙古	增长锁定	相对解锁	绝对解锁	相对解锁	增长锁定	绝对解锁	相对锁定
		0.38	−0.09	−1.19	−0.61	0.38	−0.23	1.25
长江中游	湖南	相对解锁	相对解锁	绝对解锁	相对解锁	绝对解锁	相对解锁	绝对锁定
		−0.43	−0.61	−0.84	−0.24	−0.35	−0.11	0.10
	湖北	相对解锁	相对解锁	相对解锁	相对解锁	绝对解锁	绝对解锁	相对锁定
		−0.24	−0.35	−0.48	−0.17	−0.49	−0.24	0.004

续表

地区	省市	2005—2006	2007—2008	2009—2010	2011—2012	2012—2013	2013—2014	2016—2017
	江西	增长锁定	相对解锁	绝对解锁	增长锁定	相对解锁	相对解锁	增长锁定
		0.13	−0.15	−0.70	0.01	−0.17	−0.04	0.003
西南地区	云南	相对解锁	相对解锁	绝对解锁	相对解锁	相对解锁	绝对解锁	绝对解锁
		−0.78	−0.35	−1.08	−0.30	−0.39	−0.29	−0.29
	贵州	相对解锁	绝对解锁	相对解锁	相对解锁	绝对解锁	绝对解锁	绝对解锁
		−0.11	−1.86	−0.53	−0.14	−1.85	−0.45	−0.33
	四川	相对解锁	增长锁定	相对解锁	相对解锁	相对解锁	相对解锁	相对锁定
		−0.38	0.28	−0.37	−0.17	−0.25	−0.08	0.02
	重庆	相对解锁	增长锁定	绝对解锁	相对解锁	绝对解锁	绝对解锁	相对解锁
		−0.60	1.05	−0.57	−0.19	−0.36	−0.10	−0.01
	广西	相对解锁	相对解锁	相对解锁	相对解锁	相对解锁	相对解锁	绝对锁定
		−0.18	−0.39	−0.87	−0.08	−0.23	−0.11	0.62
西北地区	甘肃	相对解锁	相对解锁	绝对解锁	增长锁定	相对解锁	增长锁定	相对锁定
		−0.77	−0.11	−1.08	0.13	−0.42	0.08	0.14
	青海	增长锁定	增长锁定	绝对解锁	增长锁定	相对解锁	增长锁定	相对锁定
		1.02	0.69	−1.47	0.53	−0.12	0.16	0.46
	宁夏	相对解锁	相对解锁	相对解锁	相对解锁	相对解锁	增长锁定	绝对锁定
		−1.41	−0.46	−0.62	−0.26	−0.04	0.15	2.05
	新疆	相对解锁	相对解锁	相对解锁	增长锁定	相对解锁	相对解锁	增长锁定
		−0.28	−0.30	−1.06	0.45	−0.09	−0.51	0.10

注：由于篇幅限制，仅报告了部分年份的结果，表中数值为与上一年碳排放强度的差值。

东北综合经济区：辽宁、吉林和黑龙江三省的自然条件与资源结构相似，三者总体趋势一致，都是从增长锁定转向解锁，说明经济发展质量有所提高。作为东北老工业基地的吉林目前仍以煤炭为主要的能源种类，且重工业比重较大，基本处于增长锁定向相对解锁转变的状态。辽宁经济总量虽高于吉林和黑龙江的总和，但工业经济，尤其是重工业，占了很大比例，以电力、钢铁、水泥等高耗能行业为支柱行业，沈阳、鞍山等也都是重工业城市，导致碳排放水平较高。近年来，辽宁全力开展产业结构调整，“做粗做长产业”，淘汰小、散、差的产业。产业结构的调整导致工业碳排放水平的下降，使得辽宁多呈现相对解锁状态，其中两年还出现了绝对解锁。黑龙江的弹性变化较剧烈，锁定和解锁交替出现，碳排放量不稳定，2011年之后的工业增加值出现负增长，而碳排放水平仍表现为上升，导致了绝对锁定；2008年、2010年及2011年由于碳排放减少，出现了绝对解锁，其余年份则表现为增长锁定。但是，随着东北经济区的开发，东北地区有碳排放强度上升的趋势。针对这一点，地区应该引起重视，要坚持低碳发展。

北部沿海经济区：该地区的经济发展和能源消耗之间总体上保持相对解锁的关系。北京基本实现解锁，2011年以后由于工业碳排放量负增长，出现了绝对解锁状态，这主要得益于实施的有计划地大规模将工业企业迁出主城区的举措；此外，以信息服务业、金融、房地产业等现代服务业为代表的低能耗第三产业较为发达。天津表现为相对解锁和增长锁定交替出现，趋于相对解锁，2010年和2013年的工业产值增速，超过碳排放量增速，出现了绝对解锁。但是，天津的工业增加值有出现负增长，这使得其出现衰退性解锁。河北和山东是较为典型的重工业省份，对能源资源的依赖度较高，虽然主要表现为相对解锁，但是这两个地区的工业产值和碳排放水平呈同步上升，经济发展质量不高，离完全实现解锁还有一定的距离，说明仍存在一定的因素有碍经济可持续发展的实现。

长三角综合经济区：该地区的经济发展和能源消耗的解锁状态较为稳定，说明工业经济得到有效发展的同时，碳排放量得到了很好控制。江苏主要表现为解锁状态，2011年由于碳排放量增加值达到了10%，大于工业产值增速的9%，出现了增长锁定。尽管江苏的第二产业比重较大，但是并不是以资源型的重工业为主，且能源利用水平相对较高，所以工业产出较高，碳排放强度较低。浙江一直表现为解锁状态，并在2009年、2010年、2012年和2013年出现了绝对解锁状态，说明该地区的经济发展质量有所提高，但由于2017年的工业增加值相较2016年出现少许下降，导致其出现衰退性解锁。就上海而言，目前第三产业已成为其经济增长的主要力量，以2017年为例，第三产业比重再创新高，达到69.18%，远高于第二产业的占比30.46%，而且第一产业的比重非常小，仅有0.36%。第二产业又以高新技术产业为主，所以工业碳排放量出现了下降的趋势，实现了由增长锁定向绝对解锁的转变。安徽相较其他三个省市发展相对落后，是我国的能源大省，但其能源利用效率较高，碳排放强度要低于全国平均水平，呈现相对解锁状态，在2017年转为绝对解锁。

南部沿海综合经济区：福建、广东和海南非资源大省，对煤炭的依赖度较低。海南以旅游业作为龙头的第三产业为主，福建和广东目前也正在大力发展第三产业，以减少对高耗能、高排放行业的依赖。从解锁状态来看，福建实现了单位工业产值能耗水平的降低，即△(C/Y)<0，碳排放量也下降，出现绝对解锁。广东目前第二产业比重较大，2017 年占到了总产值的 39%，但比重呈现下降趋势(2005 年的占比为 55.30%)。由于能源利用效率较高，因此广东的碳排放强度低于全国平均值，其解锁的变化路径和上海类似，也是从增长锁定向绝对解锁转变。海南主要依赖旅游业，第二产业不是很发达，2017 年的工业增加值只有 528.28 亿元，不到全国平均水平的 2%，工业产生的碳排放量相对较少但呈逐年递增的趋势，2017 年的碳排放量是 2005 年的 2 倍多，因此呈现为增长锁定和相对解锁交替出现的局面。

黄河中游综合经济区：该地区近几年的工业经济发展速度较快，且多依靠粗放型重工业，如煤炭开采和深加工、钢铁和有色金属等，导致该地区的能源消耗和碳排放水平上升幅度较明显。陕西基本表现为相对解锁，2007 年和 2009 年由于碳排放量增速超过了工业产值增速，出现了增长锁定；2017 年，由于碳排放的控制较好，出现了绝对解锁。山西是我国的煤炭大省，2008 年之前一直表现为相对解锁，2009 年由于受到金融危机影响，工业产值下滑，碳排放也减少，出现了相对锁定。2010 年和 2011 年，山西表现出相对解锁，之后又出现了增长锁定。总体来说，该省的经济发展质量不高。河南已实现由传统农业大省向新兴工业大省的转变，第二产业比重有所提高，同时碳排放量也呈逐年递增的趋势，表现为由增长锁定转向相对解锁。内蒙古同样也是我国的煤炭大省，基于比较优势原理，经济多以能源密集型产业为主，对煤炭的依赖度较高，解锁状态转变路径和河南相似，也是尚未实现完全解锁。

长江中游综合经济区：该地区的第二产业所占比重较大，但并不是以资源能源型重工业为主。湖南和湖北较类似，均表现出工业总产值和碳排放水平的双增，呈现相对解锁状态，说明这两个地区的工业经济增长和碳排放量还保持一定的正相关性。江西的工业总产值水平也始终保持上升趋势，但其工业碳排放量在 2010 年有所回落，导致 2010 年出现了绝对解锁，2006 年、2007 年及 2012 年为增长锁定，2017 年的碳排放量和碳排放强度较 2016 年均有所增加，出现增长锁定。

大西南综合经济区：随着我国西部大开发战略的稳步推进，该地区的经济发展迎来了明显的提速。但是，相比其他综合经济区，除了四川较为可观，其他省市的总量仍较小，同时碳排放量也基本呈上升趋势。广西除 2017 年为绝对锁定外，其余年份始终为相对解锁状态，解锁状态较稳定。

目前，广西已进入了工业化中期阶段，完成工业产值提升的同时也消耗了大量能源。重庆是大西南重化工业的中心，作为一个综合性的老工业城市，考察年份内，其工业增加值始终保持增长趋势，但碳排放水平略不稳定，2008 年出现了增长锁定，2010 年、2013 年和 2014 年为绝对解锁，其余年份表现为相对解锁。云南和贵州是我国的矿产资源大省，解锁情况和重庆类似，2009 年出现了一次增长锁定，其余年份多表现为相对解锁，说明工业经济发展的同时，工业能源消耗量也有所上升。四川在 2008 年和 2011 年出现了增长锁定，主要是这两年的工业碳排放量出现较大增幅，特别是 2008 年的增幅达到了 29%，也是最近几年的最大增加值，其余年份则呈现较为稳定的相对解锁状态。

大西北综合经济区：同样受益于西部大开发战略，该地区的工业得到一定发展，总产值呈上升趋势，但以高耗能产业为主，高碳特征明显。甘肃在 2009 年之前表现为相对解锁，2009 年和 2010 年连续两年工业碳排放量下降，出现了绝对解锁，但之后又反弹呈现增长锁定，说明工业发展产生的碳排放量波动较大，导致解锁状态评价波动较大。2017 年，甘肃的工业增加值较 2016 年有所下降，出现绝对锁定。青海呈现增长锁定和相对解锁交替出现的局面，并且增长锁定出现的次数要多于相对解锁，说明工业发展节能降耗波动较大，并未很好地实现节能减排。宁夏表现为相对解锁，2017 年由于工业增加值出现小幅下降，出现相对锁定。新疆表现出“相对解锁—增长锁定—相对解锁”的变化趋势，说明前期工业产值的增速低于碳排放量的增速，工业经济发展效益不高，后期得到了一定改善，但是 2017 年的碳排放量和碳排放强度较 2016 年有所增加，导致出现了增长锁定。

由此可见，不同省市的工业碳解锁情况存在一定差异。按碳解锁情况将以上省市划分成三类，进一步分析各个变量的影响程度，以期为不同地区实现碳解锁寻求更合理的路径。

表 3-8　不同省份的工业碳解锁状态划分

	状　态	省　份
Ⅰ	经济发展水平较高，碳解锁状态稳定，多表现为解锁	北京、天津、上海、江苏、浙江、广东
Ⅱ	经济还在快速发展阶段，碳解锁状态波动较大	山西、内蒙古、辽宁、吉林、黑龙江、江西、海南、陕西、甘肃、青海、新疆
Ⅲ	经济还在快速发展阶段，碳解锁状态相对稳定	河北、安徽、福建、山东、河南、湖北、湖南、广西、重庆、贵州、云南、宁夏、四川

3.3　国外经验借鉴

3.3.1　国外破解碳锁定的经验

（1）丹麦经验

近 30 年以来，丹麦的经济增长了 45%，能源消耗只增长了 7%，CO_2 排放量却减少了 13%，创造了经济增长和碳减排不矛盾的“丹麦模式”。

① 推动绿色能源战略。丹麦是一个资源比较匮乏的国家，石油进口量占消费总量的 90%，能源对外依存度较高。丹麦政府具体采取了以下几点措施：第一，建立能源署。石油危机的爆发让丹麦政府认识到了能源安全的重要性，为此丹麦政府成立了专门的机构来统筹国家能源安全，从国家层面制定了能源发展战略并监督其具体实施情况。第二，高度重视可再生能源的开发。丹麦政府结合本国基本国情，重点发展可再生能源，尤其是风能。除此之外，丹麦政府也高度重视沼气、太阳能等其他可再生能源的开发和利用。

② 降低建筑能耗。建筑业是丹麦各行业中消耗能源最多的行业，因此丹麦政府高度重视开发新技术来降低建筑业的能源消耗。从 20 世纪 70 年代中后期开始，丹麦政府相继颁布了多个建筑节能法律法规，这些法律法规对建筑窗口区域的限制、围护结构的允许隔热数值、建筑中能源计算的方法等都进行了明确的规定。

③ 建立政策激励机制。自 20 世纪 70 年代以来，丹麦政府对风能行业实施了优惠贷款、财政补贴等优惠政策。到 20 世纪 90 年代，丹麦政府开始对多种工业废弃物征收环境税，逐步形成了以能源税为中心的环境税收体制。与此同时，丹麦政府还制定了和市场相适应的价格调节机制，促使绿色能源的发展与市场规律接轨，让消费者积极接受新能源技术。

（2）英国经验

在经历了 1952 年的伦敦烟雾事件后，英国政府充分地认识到了能源安全对国民经济发展的重要性。到 2011 年，英国的温室气体排放量相比 1990 年减少了近 30%，英国政府成功地做到了在保持经济稳步发展的同时，大大降低了碳排放量。

① 制定发展战略目标。2003 年的英国能源白皮书明确要求英国在 2050 年以前，全国 CO_2 排放量在现有水平的基础上减少 60%左右，并在

2020年以前取得实质性进展。为此,英国政府在全国组建了一个有竞争力的新能源市场,同时也在积极探索传统产业的低碳化转型之路。一系列具体措施的出台和实施,标志着英国已从总体战略上制定了一个向低碳国家转型的发展路径,并使低碳发展理念成为全国上下的统一意志和共同认识。

② 完善法律体系。自2003年以来,英国政府颁布了一系列关于低碳的法律。2008年颁布《气候变化法案》,2004—2010年每两年就颁布一个新的《能源法案》,2012年又发布了新的能源议案,法律体系的不断完善为低碳经济的发展保驾护航。

③ 制定低碳经济政策。在财政政策方面,英国实施严格的碳预算制度。在税收调节方面,英国对使用高碳化石能源的主体征收不同比例的能源税。在融资政策方面,英国通过多种途径为低碳经济的发展提供了绿色融资渠道。在低碳技术创新方面,英国成立国家级的能源技术研发机构来攻克重大技术难题,加大对低碳技术研发的财政支持,从而为发展低碳经济奠定了坚实的技术基础。

(3) 日本经验

从1970年起,资源匮乏的日本政府就非常重视发展循环经济,逐步开发新能源来代替传统化石能源。与欧盟相比,日本在发展低碳经济方面的措施有相同之处,也有不同之处。

首先,相同之处有:第一,高度重视低碳技术的研发,大力开发新能源。日本在低碳技术和新能源领域的投资一直占据着比较大的份额。第二,强大的财政支持。日本政府出台了环境税、特别会计制度等多种财税政策来支持低碳经济的发展。

其次,不同之处有:第一,日本政府大都是通过制定低碳政策来鼓励和推动低碳经济的发展,并没有像欧盟各国那样看中法律的强制作用。第二,日本的碳金融、碳排放交易制度相对比较落后,更加关注对资源的循环利用。第三,日本政府实施了一系列环保积分项目,通过鼓励消费者消费新能源,以提高民众的环保意识,从而倒逼市场进行低碳化改革。

3.3.2 国外碳解锁经验借鉴

借鉴国外在碳解锁方面的经验,我国在破解碳锁定困境,发展低碳经济过程中,应该着重从以下几个方面入手:完善立法体系、强化市场机制、增强财税支持、鼓励技术创新、发挥本国优势。

(1) 完善立法体系。破解碳锁定困境,发展低碳经济,是一项长期的系统性工程，势必会对传统的经济发展模式造成冲击，向高碳技术系统的既得利益集团提出挑战。因此，必须将这项工程上升到立法的高度，通过法律措施来强制规范各经济主体的发展理念，指引他们发展低碳经济。与此同时，通过立法来保障低碳经济的发展也表明了政府对发展低碳经济的决心和态度。在立法的过程中，既要有纲领性的法律条文，也要有具体的执行性法规，还需要政府的行政性法令作为有效补充。

(2) 强化市场机制。低碳经济发展的早期必须依赖政府的大力支持，但是要想推动低碳经济的健康、可持续发展，必须强化市场机制，激发市场内部活力，这就需要政府在金融工具的开发、碳交易市场的建立等方面有所作为。通过金融工具来调节企业间碳排放权的盈余和紧缺，一方面，可以使低碳水平较高的企业盈利，使低碳水平较低的企业逐渐减少碳排放；另一方面，也可以刺激低碳技术的开发与应用。再者，可以通过完善碳交易市场，使用排污权配额、向污染者收费等工具，将交易产生的外部效应内部化。

(3) 增强财税支持。推动经济发展的低碳化转型，离不开大量的资金投入，仅仅依靠市场的自身机制很难解决资金不足问题。因此，政府应该重视财税制度的改革，加大低碳产业的财税支持力度。同时，财税政策必须是一项长期的、可持续的政策，还要与时俱进，根据不同发展时期的特征，不断进行改革创新。

(4) 鼓励技术创新。可以从以下几个角度入手，促进低碳经济发展，实现碳解锁：①提高能源效率，包括提高氧化度、热恢复、采用新流程和其他可操作性的措施；②原料回收和节约；③能源的同时发热发电；④使用天然气取代其他化石燃料；⑤用生物能、太阳能、核能、风能、氢能、波能、潮汐能等可再生能源替代非可再生能源；⑥减少不可再生能源的使用，并通过技术转移，从发达国家引进先进的碳减排技术。

(5) 发挥本国优势。各国在发展低碳经济时，都应该结合本国的具体国情，充分发挥本国优势。例如，丹麦重视发展新能源技术和建筑节能技术；英国着重制定低碳发展战略；日本擅长发展循环经济。因此，处于社会主义初级阶段的中国，在发展低碳经济的过程中，要结合本国的基本国情来制定相关的政策，不能一味照搬国外的做法。

4　长三角碳生产率增长的地区比较研究

本章在前文研究基础上，利用2000—2017年中国30个省级行政区的多投入多产出面板数据，运用全局参比下的考虑非期望产出的SBM模型和Global Malmquist-Luenberger指数，基于区域比较的视角，测算研究长三角三省一市的碳生产率增长及其动力来源。

4.1　问题提出

党的十九大报告提出："必须坚持质量第一、效益优先，以供给侧结构性改革为主线，推动经济发展质量变革、效率变革、动力变革，提高全要素生产率。"随着温室气体排放增加、全球气候变化加剧和气候变化的全球治理，提高碳生产率是控制全球温室气体排放、促进低碳经济发展的重要手段。在资本生产率、劳动生产率和能源生产率之后，碳生产率成为研究者关注的又一热点，甚至有学者认为未来全球的竞争不是劳动生产率的竞争，也不是石油效率的竞争，而是碳生产率的竞争（潘家华和张丽峰，2011）。

相关文献主要运用两种方法对碳生产率进行测算研究。一种方法是单要素生产率法，用总产出与CO_2排放量的比值来表示，最早出现在Kaya和Yokobori(1997)这一文献中，He等(2010)、Jiang等(2010)、潘家华和张丽峰(2011)、张忠杰(2018)、姚晔等(2018)、谢会强等(2018)、程钰等(2019)、王许亮等(2020)相继采用这一方法进行研究，这种测算方法是把CO_2排放视作一种环境要素投入来处理。另一种方法是全要素生产率法，即把CO_2排放视作一种非期望产出，基于劳动、资本、能源、CO_2排放、国内生产总值等多投入多产出的生产函数框架，测算全要素生产率，尤其是自Chung等(1997)创造性地提出方向性距离函数(DDF)以来，越来越多的文献借助Malmquist-Luenberger指数和数据包络分析方法来测算绿色全要素生产率指数(Färe 等,2001; Kumar, 2006; Zhou 等,2010;王兵等,2010;陈诗一,2010;齐亚伟,2013;滕泽伟等,2017;汪克亮等,2018)。

为了克服基于方向性距离函数(DDF)的DEA模型因径向选择而产生的变量松弛问题,Tone(2001)构造了考虑变量松弛测度(Slacks-based Measure)的SBM模型,Tone(2003)、Zhou等(2008)将非期望产出纳入SBM模型,从而改进了碳生产率的测算方法。基于Malmquist-Luenberger指数测算绿色全要素生产率,会遇到指数分解的不可传递性缺陷及线性规划模型无可行性解的问题。为了解决这一问题,O. H.(2010)提出了Global Malmquist-Luenberger指数测算方法。杨翔等(2015)与李小平等(2016)采用全域SBM方向性距离函数和全域Malmquist-Luenberger指数,测算了中国制造行业碳生产率指数;汪克亮等(2018)运用考虑非期望产出的SBM模型与GML指数,测算长江经济带11个省市的环境全要素生产率;李平(2017)运用SBM方向性距离函数和Luenberger生产率指数,比较研究了长三角及珠三角城市群绿色全要素生产率的差异;肖挺(2020)使用考虑了CO_2排放量的Global Malmquist-Luenberger指数,测算了全球主要经济体制造业环境生产率的走势。

基于全局参比的Global Malmquist-Luenberger指数具有优良的统计学特征(OH, 2010),借鉴已有相关文献的DEA测算模型,本章将运用中国30个省级行政区的多投入多产出面板数据,利用基于全局参比的非期望产出SBM模型和Global Malmquist-Luenberger指数,测算和比较长三角三省一市的碳生产率增长及其动力来源。

4.2 长三角碳生产率指数测算模型

4.2.1 全域生产可能性集

本章将长三角三省一市放在全国省级行政区中进行比较研究,将每个省级行政区分别视为一个独立的生产决策单位(DMU),由此构造30个省级行政区历年的低碳生产最佳实践前沿。假设每个时期为$t=1,\cdots T$,省级行政区分别为$k=1,\cdots K$,每个DMU使用N种要素投入$x=(x_1, x_2,\cdots,x_N)\in R_N^+$,生产出M种期望产出$y=(y_1,y_2,\cdots,y_M)\in R_M^+$,同时生产I种非期望产出$b=(b_1,b_2,\cdots,b_J)\in R_J^+$。当期生产可能性集可以模型化为:

$$P(x)=\{(y,b):\sum_{k=1}^{K}z_k y_{km}\geqslant y_{km},\forall m;\sum_{k=1}^{K}z_k b_{kj}=b_{kj},\forall j;$$
$$\sum_{k=1}^{K}z_k x_{kn}\leqslant x_{kn},\forall n;\sum_{k=1}^{K}z_k=1,z_k\geqslant 0,\forall k\} \tag{4-1}$$

其中，z_k 表示每个生产决策单元横截面观察值的非负权重，权重之和为 1，表示可变规模报酬（Variable Returns to Scale，VRS）；去掉权重之和为 1 的约束条件，则表示规模报酬不变（Constant Returns to Scale，CRS）。在此基础上，借鉴 Pastor 和 Lovell（2005）、OH（2010）构建的包含全部样本点的全域生产可能性集，即 $P^G(x)=P^1(x^1)\cup P^2(x^2)\cup\cdots\cup P^T(x^T)$，并假定该集合满足闭集、有界集和凸性特征，满足期望产出强可处置性、非期望产出弱可处置性，以及期望产出与非期望产出零结合性等公理，那么该集合可以模型化为：

$$P^G(x)=\{(y,b):\sum_{t=1}^{T}\sum_{k=1}^{K}\lambda_k^t y_{km}^t\geq y_{km}^t,\forall m;\sum_{t=1}^{T}\sum_{k=1}^{K}\lambda_k^t b_{kj}^t=b_{kj}^t,\forall j;$$
$$\sum_{t=1}^{T}\sum_{k=1}^{K}\lambda_k^t x_{kn}^t\leqslant x_{kn}^t,\forall n;\sum_{k=1}^{K}z_k^t=1,z_k^t\geq 0,\forall k\} \tag{4-2}$$

4.2.2 非期望产出 SBM 模型

参照 Tone（2003）、Zhou 等（2008）的建模思想，对于某一个特定的被评价决策单元 $DMU_0(x_0,y_0,b_0)$ 而言，考虑非期望产出的 SBM 模型的分式规划可表达为下列形式：

$$\rho=\min_{s^x,s^y,s^b,\lambda}\frac{\frac{1}{n}\sum_{n=1}^{N}\frac{s_n^x}{x_{kn}}}{\frac{1}{M+J}\left(\sum_{m=1}^{M}\frac{s_m^y}{y_{km}}+\sum_{j=1}^{J}\frac{s_j^b}{b_{kj}}\right)}$$

$$\begin{aligned} s.t.\ x_{kn}&=\sum_{k=1}^{K}\lambda_k x_{kn}+s_n^x,n=1,2,\cdots,N\\ y_{km}&=\sum_{k=1}^{K}\lambda_k y_{km}-s_m^y,m=1,2,\cdots,M\\ b_{kj}&=\sum_{k=1}^{K}\lambda_k b_{kj}+s_j^y,j=1,2,\cdots,J\\ s_n^x&\geqslant 0,s_m^y\geqslant 0,s_j^b\geqslant 0\end{aligned} \tag{4-3}$$

其中，ρ 为效率值，x_{kn}、y_{km}、b_{kj} 分别为第 k 个 DMU 的投入要素、期望产出和非期望产出向量，s_n^x、s_m^y、s_j^b 分别为投入要素、期望产出和非期望产出的松弛变量，用以表示要素投入过度、期望产出不足或非期望产出过多。ρ 是关于 s_n^x、s_m^y、s_j^b 严格单调递减的，且满足 $0 \leqslant \rho \leqslant 1$；对于特定的 DMU 而言，当且仅当 $\rho = 1$，即 $s_n^x = s_m^y = s_j^b = 0$ 时，该 DMU 是技术完全有效的；当 $\rho < 1$ 时，该 DMU 是技术无效的，说明此时存在生产要素投入过度、期望产出不足或非期望产出过量的问题，可通过消除投入和产出的松弛而改进为有效。

Tone(2003)构建的 SBM 模型以当期环境生产技术为基准，即环境生产技术前沿面由每一时期所有被评价决策单元的投入产出数据构建而成。由于不同时期的生产技术前沿不相同，基于不同环境生产技术前沿测度得到的环境技术效率值会因生产前沿面不处于同一水平而无法进行比较。为了实现跨期参比测算，Pastor 和 Lovell(2005)提出了全域参比 Malmquist 指数模型，本章在此基础上构建基于全局参比下的非期望产出 SBM 模型如下：

$$
\begin{aligned}
\rho = \min_{s^x, s^y, s^b, \lambda} & \frac{\dfrac{1}{n}\displaystyle\sum_{n=1}^{N}\frac{s_n^x}{x_{kn}}}{\dfrac{1}{M+J}\left(\displaystyle\sum_{m=1}^{M}\frac{s_m^y}{y_{km}} + \sum_{j=1}^{J}\frac{s_j^b}{b_{kj}}\right)} \\
s.t.\ x_{kn} &= \sum_{\substack{k=1 \\ k \neq k'}}^{K}\sum_{p=1}^{P}\lambda_k^p x_{kn}^p + s_n^x, n = 1, 2, \cdots, N \\
y_{km} &= \sum_{\substack{k=1 \\ k \neq k'}}^{K}\sum_{p=1}^{P}\lambda_k^p y_{km}^p - s_m^y, m = 1, 2, \cdots, M \\
b_{kj} &= \sum_{\substack{k=1 \\ k \neq k'}}^{K}\sum_{p=1}^{P}\lambda_k^p b_{kj}^p + s_j^b, j = 1, 2, \cdots, J \\
s_n^x &\geqslant 0, s_m^y \geqslant 0, s_j^b \geqslant 0, \lambda^p \geqslant 0
\end{aligned}
\tag{4-4}
$$

4.2.3 GML 生产率指数

Malmquist-Luenberger 生产率指数最早由 Chung 等(1997)提出，创造性地以方向性距离函数(DDF)为基础，将非期望产出纳入 TFP 测度框架，在保证经济增长的同时，能够有效兼顾节能减排，符合“又好又快”的绿色发展思想。求解 ML 生产率指数涉及 4 个方向性距离函数值，包括 2 个同期方向性距离函数值与 2 个混合期方向性距离函数值。在求解混合期方向性距离函数值时，会遇到线性规划无可行性解问题。为避免这一问题的出现，本章采用 OH（2010）提出的全域参比建模思想，构建 Global Malmquist-Luenberger 指数（GML）来测算考虑碳排放的全要素生产率指数，即碳生产率指数。

基于全域 DEA 的 Malmquist-Luenberger 指数测算方法具有更为优良的统计学特征：一是能避免出现线性规划无可行性解和技术退步的问题；二是 GML 指数无须采用几何平均形式，单一指数形式能满足指数运算的可传递性要求。*GML* 指数及其分解因子可以定义如下：

$$
\begin{aligned}
GML_t^{t+1} &= \frac{1+\overrightarrow{D}_o^G(x^t, y^t, b^t; g^t)}{1+\overrightarrow{D}_o^G(x^{t+1}, y^{t+1}, b^{t+1}; g^{t+1})} \\
&= \frac{1+\overrightarrow{D}_0^t(x^t, y^t, b^t; g^t)}{1+\overrightarrow{D}_0^{t+1}(x^{t+1}, y^{t+1}, b^{t+1}; g^{t+1})} \times \left[\frac{1+\overrightarrow{D}_o^G(x^t, y^t, b^t; g^t)}{1+\overrightarrow{D}_o^t(x^t, y^t, b^t; g^t)} \right. \\
&\quad \left. \times \frac{1+\overrightarrow{D}_o^{t+1}(x^{t+1}, y^{t+1}, b^{t+1}; g^{t+1})}{1+\overrightarrow{D}_o^G(x^{t+1}, y^{t+1}, b^{t+1}; g^{t+1})}\right] \\
&= GEC_t^{t+1} \times GTC_t^{t+1}
\end{aligned}
\tag{4-5}
$$

其中，*GML* 表示碳生产率指数，*GML* 指数大于 1 代表碳生产率增长，*GML* 指数小于 1 代表碳生产率下降；*EC* 表示低碳技术效率指数，*EC* 大于（小于）1 代表低碳技术效率上升（下降）；*TC* 表示低碳技术进步指数，*TC* 大于（小于）1 代表低碳技术进步（退步），反映全域生产前沿面向外延展或向内收缩的程度。计算 *GML* 指数需要求解 4 个线性规划及 4 个方向性距离函数值，求解同期方向性距离函数值的线性规划可写成（$s=t, t+1$）：

$$
\begin{aligned}
&\overrightarrow{D}_o^s(x^s, y^s, b^s; y^s, -b^s) = max\,\beta \\
&\text{s. t.} \quad \sum_{k=1}^{K} z_k^s y_{km}^s \geqslant (1+\beta) y_m^s,\ m=1, \cdots, M \\
&\qquad \sum_{k=1}^{K} z_k^s b_{kj}^s = (1-\beta) b_j^s,\ j=1, \cdots, J \\
&\qquad \sum_{k=1}^{K} z_k^s x_{km}^s \leqslant x_n^s,\ n=1, \cdots, N \\
&\qquad z_k^s \geqslant 0,\ k=1, \cdots, K;\ s=t, t+1
\end{aligned}
\tag{4-6}
$$

求解基于全局生产技术集的方向性距离函数值的线性规划写成下面的形式（$s=t, t+1$）：

$$\overrightarrow{D}_o^G(x^s, y^s, b^s; y^s, -b^s) = max\beta$$

$$\begin{aligned} \text{s.t.} \quad & \sum_{t=1}^{T}\sum_{k=1}^{K}\lambda_k^t y_{km}^t \geqslant (1+\beta)y_m^s, m=1, \cdots, M \\ & \sum_{t=1}^{T}\sum_{k=1}^{K}\lambda_k^t b_{kj}^t \geqslant (1-\beta)b_j^s, j=1, \cdots, J \\ & \sum_{t=1}^{T}\sum_{k=1}^{K}\lambda_k^t x_{kn}^t \leqslant x_n^s, n=1, \cdots, N \\ & \lambda_k^t \geqslant 0, k=1, \cdots, K; t=1, \cdots, T \end{aligned} \tag{4-7}$$

上述公式(4-5)有所不同的是，公式(4-6)中前三个不等式的左边均包含有 $K \times T$ 项而不仅仅是 K 项，最后一个不等式共包含有 $K \times T$ 项而不仅仅是 K 项，正体现了基于全局数据集来构建生产前沿面的思想。

4.2.4　变量与数据

为了将长三角地区与其他地区的碳生产率进行比较研究，本章选取了30个省级行政地区2000—2017年的投入产出数据。因数据可得性问题，西藏自治区、香港特别行政区、澳门特别行政区和台湾地区未包括在内。之后，利用Global Malmquist-Luenberger指数模型来测算碳生产率指数。生产投入要素包括资本、劳动和能源，产出包括期望产出和非期望产出，各个变量及其度量指标说明如下：

(1) 资本存量(K)：由于统计年鉴并未公布各省市的资本存量，本章借鉴张军(2004)，使用永续盘存法进行计算，以2000年为基期，对资本存量进行计算。具体计算公式如下：

$$K_{i,t} = I_{i,t}/P_{i,t} + (1-\delta_{i,t})K_{i,t-1} \tag{4-8}$$

其中，$K_{i,t}$ 表示第 i 个省区在 t 时期的资本存量(亿元)，$K_{i,t-1}$ 表示第 i 个省区在时期 $t-1$ 的资本存量(亿元)；$I_{i,t}$ 表示当年投资，用固定资本形成总额表示；$P_{i,t}$ 表示各地区当年的固定资产投资价格指数，以2000年为基期，对历年固定资本形成总额进行价格指数平减；$\delta_{i,t}$ 作为固定资本形成总额的折旧率，使用张军等(2004)的测算结果，将折旧率设为9.60%。

(2) 劳动(L)：理论上讲，应该把劳动时间、劳动数量、劳动质量等因素综合考虑在内，囿于相关数据可得性，本章以各地劳动就业人数(万人)作为劳动投入指标。

(3) 能源(E)：以各省2000—2017年能源消耗总量作为能源投入指

标，按万吨标准煤统一折算，单位为万吨标准煤。

（4）期望产出（Y）：以2000—2017年各地生产总值（亿元）作为经济发展的期望产出。为消除通货膨胀的影响，利用各地国内生产总值指数，以2000年为基期，折算为不变价格的实际GDP。

（5）非期望产出（B）：以CO_2排放总量（万吨）表示。CO_2排放总量数据来源于中国碳排放数据库（China Emission Accounts and Datasets，CEADs）提供的中国省级碳排放清单（http：//www. ceads. net/data），该数据是基于表观能耗估算方法和更新的碳排放因子测算得出。CO_2排放清单涵盖了化石燃料燃烧相关的CO_2排放与水泥生产过程相关的CO_2排放数据，其中化石燃料燃烧相关的CO_2排放分17种细分能源品种进行计算，分别对47个社会经济部门进行CO_2排放核算汇总（Shan等，2020）。

其他相关统计数据来源于2000—2017年的《中国统计年鉴》《中国劳动统计年鉴》《中国人口与就业统计年鉴》《中国能源统计年鉴》，以及各省、自治区和直辖市的统计年鉴，个别缺失数据运用插值法补齐。所有投入产出变量的描述性统计如表4-1所示。

表4-1　投入产出变量的描述性统计

变量	单位	观测量	平均数	标准差	最大值	最小值
GDP	亿元	540	9726.65	9794.71	55868	264
CO_2排放量	万吨	540	23612.31	17739.18	84220	870
资本存量	亿元	540	28031.01	26186.28	152042	1570
劳动	万人	540	2515.56	1676.19	6767	276
能源	万吨标准煤	540	11034.39	7836.36	38899	480

4.3　长三角碳生产率指数测算结果分析

4.3.1　八大经济区域的碳生产率增长比较

按照前述章节的区域划分方法，将全国划分为八大经济区域。因数据可得性和可比性限制，西藏自治区、香港特别行政区、澳门特别行政区和台湾地区未包括在内。为了体现长三角一体化发展战略，将安徽省纳入长三角地区进行研究，调整后的八大经济区域如下表所示：

表 4-2　八大经济区域划分

经济区域	省级行政区	经济区域	省级行政区
长三角地区	江苏、浙江、上海、安徽	黄河中游	陕西、山西、河南、内蒙古
长江中游	湖北、湖南、江西	东北地区	辽宁、吉林、黑龙江
北部沿海	北京、天津、河北、山东	西南地区	云南、贵州、四川、重庆、广西
南部沿海	福建、广东、海南	西北地区	甘肃、宁夏、青海、新疆

运用上述 SBM-GML 生产率指数模型，对 30 个省级行政区的碳生产率指数进行测算。在此基础上，对八大经济区域的碳生产率变化进行比较分析，结果如表 4-3 所示。从 2001—2017 年碳生产率指数的平均值来看，碳生产率指数由高到低依次是长三角地区、北部沿海地区、南部沿海地区、长江中游地区、东北地区、西南地区、黄河中游地区和西北地区。长三角地区和北部沿海地区各年碳生产率指数均大于 1，表明各年碳生产率呈递增趋势；西北地区多数年份碳生产率指数小于 1，表明碳生产率出现了下降；其他地区多数年份的碳生产率是上升的。

表 4-3　八大经济区域碳生产率的演化与比较

年度	长三角地区	北部沿海	南部沿海	长江中游	黄河中游	东北地区	西南地区	西北地区	全部平均
2001	1.0774	1.0769	1.0638	1.0623	1.0278	1.0676	1.0351	1.0265	1.0530
2002	1.0434	1.0193	1.0109	1.0095	1.0304	1.0611	1.0373	0.9249	1.0168
2003	1.0339	1.0305	1.0023	1.0006	1.0240	1.0787	0.9987	0.9218	1.0093
2004	1.0294	1.0173	1.0459	1.0277	1.0109	1.1277	1.0232	0.9779	1.0287
2005	1.0210	1.0273	1.0834	1.0305	1.0089	1.0586	0.9973	1.0108	1.0259
2006	1.0442	1.0329	1.1324	1.0355	1.0017	1.0553	1.0155	0.9653	1.0308
2007	1.0600	1.0320	1.1064	1.0583	1.0012	1.0281	1.0295	0.9877	1.0350
2008	1.0425	1.0326	0.9857	1.0551	0.9937	1.0031	1.0107	0.9992	1.0152
2009	1.0384	1.0325	0.9249	1.0127	0.9731	0.9723	1.0009	0.9710	0.9931
2010	1.0450	1.0263	1.0141	1.0003	0.9867	0.9931	0.9973	0.9987	1.0078
2011	1.0268	1.0356	0.9318	0.9619	0.9902	0.9802	1.0029	0.9859	0.9930
2012	1.0446	1.0259	0.9859	0.9852	0.9982	0.9562	1.0053	1.0616	1.0110
2013	1.1109	1.0650	1.0161	1.0465	1.0186	0.9613	1.0521	0.9787	1.0342
2014	1.0384	1.0421	0.9846	1.0293	1.0018	0.9979	1.0060	0.9806	1.0106

续表

年度	长三角地区	北部沿海	南部沿海	长江中游	黄河中游	东北地区	西南地区	西北地区	全部平均
2015	1.0622	1.0582	1.0280	1.0323	1.0249	1.0345	1.0317	0.9630	1.0292
2016	1.0395	1.1131	1.0417	1.0444	1.0327	1.0243	1.0274	0.9965	1.0398
2017	1.0548	1.1280	1.1141	1.0473	1.0515	1.0365	1.0385	1.0095	1.0587
平均	1.0478	1.0468	1.0278	1.0258	1.0104	1.0257	1.0182	0.9859	1.0231

图 4－1 是 2001—2017 年长三角地区（含安徽省）和长三角地区（不含安徽省）的碳生产率指数变化情况，两者整体上的变化趋势相同，且各年碳生产率指数均大于 1，表明长三角地区的碳生产率整体呈现不断上升的趋势。在中国入世初期的几年时间里，碳生产率指数有所下降，表明入世初期，长三角地区碳生产率的增长势头有所放缓；自 2005 年开始，长三角地区的碳生产率指数出现了波动上升趋势。另外，长三角地区（含安徽省）的碳生产率指数曲线整体上位于长三角地区（不含安徽省）的碳生产率指数曲线的下方，表明安徽省的碳生产率增长表现整体上逊于江苏、浙江和上海，从而拉低了长三角地区的碳生产率指数曲线。

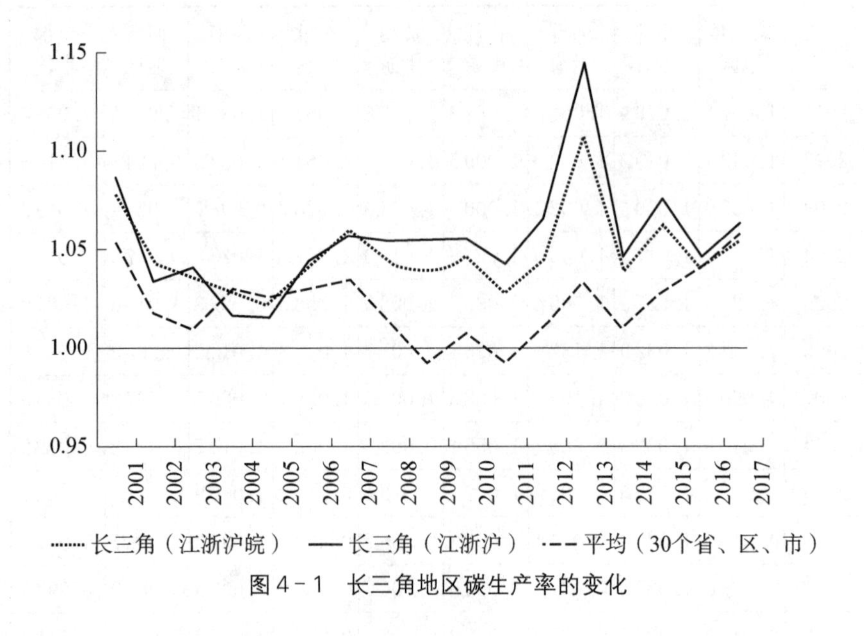

图 4－1　长三角地区碳生产率的变化

4.3.2　长三角地区的碳生产率增长差异

下面对上海、江苏、浙江和安徽三省一市的碳生产率变化进行进一步分析。表 4－4 反映的是 2001—2017 年上海、江苏、浙江和安徽三省一市的碳生产率指数情况。从 2001—2017 年碳生产率指数的平均值来看，碳生产率指数由高到低依次是江苏、上海、浙江、安徽。其中，安徽省的碳生产率指数平均值低于长三角地区的平均水平，对长三角一体化的碳生产率增长不利，但三省一市的碳生产率指数平均值都大于 1，表明三省一市的碳生产率整体呈上升趋势。另外，从表中也容易发现，上海市自 2014 年碳生产率出现首次下降以来，碳生产率在短期内出现了较大波动，近年来的碳生产率整体上趋于下降；江苏、浙江和安徽近几年的碳生产率指数都大于 1。因此，近年来，长三角地区的碳生产率整体上仍然呈现出不断上升的良好趋势。

表 4－4　长三角地区碳生产率的演化与比较

年度	上海市	江苏省	浙江省	安徽省	平均
2001	1.0815	1.0943	1.0818	1.0520	1.0774
2002	1.0444	1.0545	0.9993	1.0752	1.0434
2003	1.0525	1.0363	1.0331	1.0138	1.0339
2004	1.0259	1.0044	1.0178	1.0694	1.0294
2005	1.0440	0.9897	1.0134	1.0367	1.0210
2006	1.0522	1.0471	1.0355	1.0418	1.0442
2007	1.0752	1.0580	1.0394	1.0672	1.0600
2008	1.0460	1.0715	1.0448	1.0077	1.0425
2009	1.0443	1.0938	1.0261	0.9893	1.0384
2010	1.0449	1.0841	1.0365	1.0144	1.0450
2011	1.0449	1.0643	1.0205	0.9775	1.0268
2012	1.0722	1.0702	1.0590	0.9771	1.0446
2013	1.2717	1.0810	1.0812	1.0097	1.1109
2014	0.9623	1.0862	1.0890	1.0160	1.0384
2015	1.0392	1.1062	1.0812	1.0222	1.0622
2016	0.9768	1.0822	1.0788	1.0200	1.0395
2017	1.0237	1.0894	1.0767	1.0294	1.0548
平均	1.0530	1.0655	1.0479	1.0247	1.0478

4.3.3 八大经济区域的碳生产率增长动力比较

八大经济区域的碳生产率指数可以分解成低碳技术效率指数与低碳技术进步指数的乘积，八大经济区域的低碳技术效率变化情况如表 4-5 所示。南部沿海三省（福建、广东、海南）多数年份均位于低碳生产前沿面上，虽然没有明显的技术效率改进，但是一直位居低碳技术生产前沿；北部沿海地区在 2009 年前后，低碳技术效率有所退化，但在其他年份，低碳技术效率有较大改进；长三角地区和西南地区近年来低碳技术效率明显改进，其他地区从整体上看，低碳技术效率均有所下降。

表 4-5 八大经济区域的低碳技术效率变化比较

年度	长三角地区	北部沿海	南部沿海	长江中游	黄河中游	东北地区	西南地区	西北地区	全部平均
2001	0.9966	1.0002	1.0000	0.9979	0.9608	0.9940	0.9554	1.0026	0.9865
2002	1.0399	0.9951	1.0000	0.8858	1.0036	1.0046	1.0443	1.0041	1.0021
2003	0.9969	1.0058	1.0000	0.8918	1.0106	0.9957	1.0234	0.9104	0.9825
2004	0.9699	1.0397	1.0000	1.0012	0.9911	1.0192	1.0338	0.9790	1.0050
2005	0.9986	1.0004	1.0000	1.0062	1.0033	0.9870	0.9929	1.0126	1.0001
2006	0.9921	0.9973	1.0000	0.9637	0.9691	0.8745	0.9872	0.9887	0.9746
2007	0.9938	0.9324	1.0000	0.9787	0.9581	0.9564	0.9964	0.9891	0.9760
2008	1.0560	1.0776	1.0000	1.0162	0.9803	0.9972	0.9943	1.0119	1.0171
2009	1.0009	0.9998	1.0000	1.0142	0.9676	0.9883	0.9907	0.9770	0.9914
2010	1.0049	0.9885	1.0000	0.9929	0.9676	0.9862	0.9776	0.9816	0.9865
2011	0.9967	0.9982	1.0000	0.9786	0.9752	0.9983	0.9963	0.9882	0.9915
2012	0.9789	0.9885	1.0000	0.9679	0.9794	0.9970	0.9808	1.0033	0.9866
2013	0.9903	1.0211	1.0000	1.0046	1.0018	1.0097	1.0419	0.9913	1.0090
2014	0.9993	1.0778	0.9123	0.9926	0.9952	0.8595	0.9877	1.0018	0.9843
2015	1.0000	0.9957	1.1190	1.0035	0.9977	1.0011	1.0141	0.9892	1.0124
2016	1.0027	1.0044	1.0000	1.0040	1.0059	0.9784	0.9980	0.9908	0.9984
2017	1.0036	1.0160	1.0000	1.0008	1.0248	0.9980	1.0057	0.9817	1.0043
平均	1.0012	1.0081	1.0018	0.9824	0.9878	0.9791	1.0012	0.9884	0.9946

从表 4-6 的区域低碳技术进步比较来看，2001—2017 年，除了西北地区的低碳技术进步有所滞后外，其他地区的低碳技术进步均有较好表现，

尤其是长三角地区、东北地区、北部沿海地区和长江中游地区的低碳技术进步速度较快，超过全国低碳技术进步的平均水平。相对而言，南部沿海地区、黄河中游地区和西南地区的低碳技术进步速度较慢，低于全国低碳技术进步的平均水平。

表 4－6 八大经济区域的低碳技术进步比较

年度	长三角地区	北部沿海	南部沿海	长江中游	黄河中游	东北地区	西南地区	西北地区	全部平均
2001	1.0822	1.0766	1.0638	1.0646	1.0699	1.0740	1.0834	1.0238	1.0678
2002	1.0070	1.0252	1.0109	1.1825	1.0277	1.0565	0.9936	0.9209	1.0213
2003	1.0378	1.0254	1.0023	1.1513	1.0146	1.0830	0.9765	1.0378	1.0351
2004	1.0685	0.9851	1.0459	1.0267	1.0199	1.1087	0.9918	0.9991	1.0264
2005	1.0229	1.0272	1.0834	1.0298	1.0058	1.0720	1.0092	0.9991	1.0274
2006	1.0526	1.0357	1.1324	1.0750	1.0339	1.2260	1.0287	0.9765	1.0613
2007	1.0668	1.1153	1.1064	1.0809	1.0450	1.0740	1.0333	0.9991	1.0618
2008	0.9937	0.9700	0.9857	1.0379	1.0137	1.0062	1.0175	0.9876	1.0012
2009	1.0375	1.0326	0.9249	0.9986	1.0056	0.9842	1.0104	0.9937	1.0018
2010	1.0400	1.0380	1.0141	1.0072	1.0198	1.0073	1.0201	1.0173	1.0216
2011	1.0301	1.0373	0.9318	0.9827	1.0155	0.9819	1.0068	0.9976	1.0015
2012	1.0670	1.0378	0.9859	1.0182	1.0192	0.9592	1.0252	1.0592	1.0250
2013	1.1212	1.0429	1.0161	1.0421	1.0167	0.9515	1.0102	0.9877	1.0251
2014	1.0390	0.9789	1.1044	1.0370	1.0072	1.2300	1.0186	0.9789	1.0408
2015	1.0623	1.0627	0.9345	1.0287	1.0270	1.0336	1.0173	0.9739	1.0193
2016	1.0366	1.1085	1.0417	1.0402	1.0265	1.0481	1.0294	1.0058	1.0415
2017	1.0510	1.1115	1.1141	1.0465	1.0259	1.0388	1.0324	1.0284	1.0542
平均	1.0480	1.0418	1.0293	1.0500	1.0232	1.0550	1.0179	0.9992	1.0314

碳生产率的增长动力主要来自低碳技术效率改进和低碳技术进步，因此碳生产率的增长模式可以分成双力促进、双力抑制和一力促进、一力抑制三种。为了更好地判断与识别八大经济区域碳生产率增长模式的特征和差异，下面分三个阶段进行比较分析，三个阶段分别是“十五”时期（2001—2005 年）、“十一五”时期（2006—2010 年）和 2011—2017 年。在三个阶段中，八大经济区域的碳生产率增长模式比较情况如表 4－7 所示。

表 4－7　八大经济区域的碳生产率增长模式比较

年度期间	指数分解	长三角地区	北部沿海	南部沿海	长江中游	黄河中游	东北地区	西南地区	西北地区
2001—2005	GML	1.0410	1.0343	1.0413	1.0261	1.0204	1.0788	1.0183	0.9724
	GEC	1.0004	1.0082	1.0000	**0.9566**	**0.9939**	1.0001	1.0100	**0.9817**
	GTC	1.0437	1.0279	1.0413	1.0910	1.0276	1.0788	1.0109	0.9961
2006—2010	GML	1.0460	1.0313	1.0327	1.0324	0.9913	1.0104	1.0108	0.9844
	GEC	1.0095	**0.9991**	1.0000	**0.9931**	**0.9685**	**0.9605**	**0.9892**	**0.9896**
	GTC	1.0381	1.0383	1.0327	1.0399	1.0236	1.0596	1.0220	0.9948
2011—2017	GML	1.0539	1.0668	1.0146	1.0210	1.0168	0.9987	1.0234	0.9966
	GEC	**0.9959**	1.0145	1.0045	**0.9931**	**0.9971**	**0.9774**	1.0035	**0.9923**
	GTC	1.0581	1.0542	1.0184	1.0279	1.0197	1.0347	1.0200	1.0045

在“十五”时期，西北地区呈现低碳技术效率和低碳技术进步双重恶化，严重制约了碳生产率增长；长江中游地区和黄河中游地区都是在技术效率恶化的情况下，依靠低碳技术进步，促进了碳生产率增长；长三角地区、北部沿海地区、南部沿海地区、东北地区、西北地区等均是依靠低碳技术效率改进和低碳技术进步，共同促进了碳生产率增长。在“十一五”时期，除了长三角地区和南部沿海地区的低碳技术效率促进了碳生产率增长外，其他地区的低碳技术效率均趋于恶化；西北地区的低碳技术效率和低碳技术进步双重恶化导致碳生产率下降的增长模式没有明显改变，但北部沿海地区、长江中游地区、黄河中游地区、东北地区和西南地区因低碳技术进步而促进了碳生产率增长，只有长三角地区与南部沿海地区因低碳技术效率改进和低碳技术进步而共同推进了碳生产率增长。2011—2017 年，长三角地区的低碳技术效率出现了恶化，但由于保持了较快的低碳技术进步，仍然实现了碳生产率增长，长江中游地区和黄河中游地区的碳生产率增长也具有这一特征；东北地区和西北地区取得了较为明显的低碳技术进步，但由于低碳技术效率恶化，碳生产率下降；只有南部沿海地区、北部沿海地区与西南地区呈现出低碳技术效率改进和低碳技术进步共同推进碳生产率增长的良好形势。三个阶段比较来看，“十一五”时期多数区域出现了低碳技术效率恶化，导致区域碳生产率增长主要依赖低碳技术进步独立支撑，这可能与“十一五”后期由于应对全球金融危机，一些地区放松了结构调整，实施了一些刺激经济增长的粗放型政策措施有关。

4.3.4 长三角地区的碳生产率增长动力来源比较

从图 4－2 可以看出，长三角地区的碳生产率指数曲线大体上与低碳技术进步指数曲线保持了相同的变化趋势，表明长三角地区的碳生产率增长主要来自于低碳技术进步的推动；而技术效率指数曲线位于碳生产率指数曲线的下方，且多数年份技术效率指数小于 1，表明技术效率恶化拖累了长三角地区的碳生产率增长。长三角地区的碳生产率增长主要来自低碳技术进步的贡献，需要发挥和提升低碳技术效率改进对长三角地区碳生产率增长的贡献。

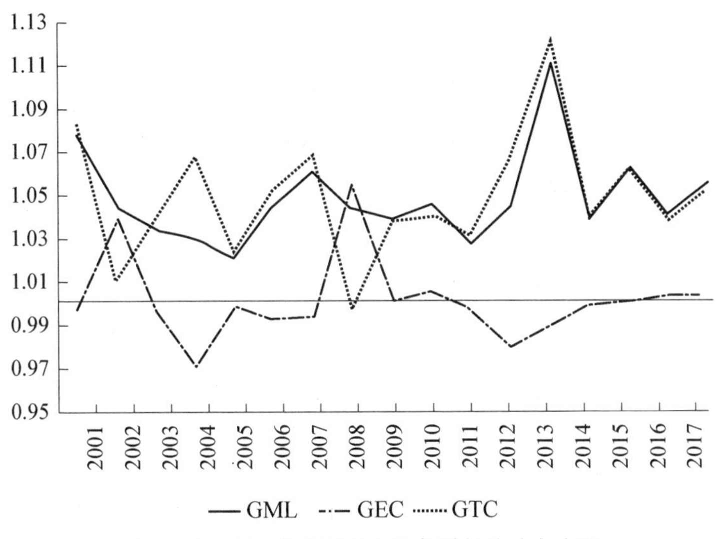

图 4－2　长三角地区碳生产率增长的动力来源

下面分三个阶段对长三角三省一市的碳生产率增长动力进行比较，如表 4－8 所示。在“十五”时期(2001—2005 年)，上海、江苏、安徽均呈现低碳技术效率改进和低碳技术进步双动力推进碳生产率增长的模式特征，而浙江出现低碳技术效率恶化，依靠低碳技术来驱动碳生产率增长。在“十一五”时期(2006—2010 年)，安徽和浙江均呈现出低碳技术效率恶化，依靠低碳技术来进步驱动碳生产率增长；上海和江苏依靠低碳技术效率改进和低碳技术进步，双力驱动碳生产率增长。2011—2017 年，安徽是低碳技术效率恶化，依靠低碳技术进步来驱动碳生产率增长，而上海、江苏和浙江均进入低碳技术效率改进和低碳技术进步双力驱动碳生产率增长模式，且上海和江苏在这一时期一直位居全局生产前沿面上，处于技术领先水平。从 2011—2017 年的整体表现来看，上海和江苏的碳生产率增长动力充足，有技术效率改进和技术进步的双重动力驱动；尤其是上海，一直处于低碳生产前沿面，居于低碳技术领先者的地位；而浙江和安徽均由于受低碳技术效率恶化的拖累，碳生产率增长速度滞后于上海和江苏。

表 4-8　长三角三省一市碳生产率增长的动力比较

时期	指数分解	上海	江苏	浙江	安徽
2001—2005 年	GML	1.0494	1.0497	1.0358	1.0291
	GEC	1.0000	1.0013	**0.9954**	1.0049
	GTC	1.0497	1.0443	1.0341	1.0466
2006—2010 年	GML	1.0241	1.0525	1.0709	1.0365
	GEC	1.0000	1.0493	**0.9929**	**0.9959**
	GTC	1.0525	1.0272	1.0442	1.0285
2011—2017 年	GML	1.0074	1.0558	1.0828	1.0695
	GEC	1.0000	1.0000	1.0044	**0.9792**
	GTC	1.0558	1.0828	1.0648	1.0292
2001—2017 年	GML	1.0247	1.0530	1.0655	1.0479
	GEC	1.0000	1.0149	**0.9984**	**0.9916**
	GTC	1.0530	1.0551	1.0497	1.0341

由此可见，长三角三省一市的碳生产率都保持了持续增长的良好态势，有力推动了长三角地区的低碳经济转型和碳解锁进程。整体上看，浙江和安徽的碳生产率增长要略逊于上海与江苏。从碳生产率增长的动力来源看，上海与江苏的碳生产率增长受到技术效率和技术进步的双重动力驱动，但碳生产率增长受低碳技术进步的驱动更多；浙江和安徽的碳生产率增长主要来自低碳技术进步，需要大力提升技术效率对碳生产率增长的作用。因此，长三角三省一市实现低碳经济转型和碳解锁，必须持续提升碳生产率，使碳生产率成为驱动长三角地区低碳经济增长的主引擎。促进长三角地区的碳生产率增长，既要重视低碳生产技术硬实力的提升，也要重视制度软实力的提升，防止单纯追求低碳技术创新与技术进步。低碳技术创新与技术进步具有不确定性、长期性和艰巨性，环境技术效率提升是短期内推动碳生产率增长的一条重要途径。要通过一系列的制度创新来释放制度红利，提高能源效率和市场运行效率，从效率提升上深度挖掘碳生产率对长三角地区低碳经济增长的贡献潜力。

5　长三角工业企业低碳生产驱动机制研究

前述章节对长三角地区的工业碳解锁进程及影响因素进行了动态研究，工业碳锁定效应是多种因素综合作用的结果，如经济规模因素、产业结构因素、能源消费结构因素、技术因素、政策性因素等。本章主要在前文研究的基础上，利用结构方程模型，对长三角工业企业低碳生产绩效的影响因素进行调查研究，为进一步探索长三角工业碳解锁路径与对策提供微观基础。

5.1　研究设计

5.1.1　模型构建

在工业企业低碳生产驱动因素模型的构建过程中，大部分研究的前因变量都是单个因素，如研究政府管制、利益相关者等因素对低碳生产的影响，驱动模型及机制的相关研究结论尚未统一，从而导致驱动因素的作用路径无法被清晰界定。因此，本章首先从工业企业的角度出发，界定了低碳生产及碳锁定的内涵，在国内外的相关研究和企业价值理论的基础上，对影响企业碳解锁的因素进行了深入分析，构建了企业低碳生产绩效的影响因素概念模型，以考察各因素之间的作用路径。

本章将政府因素、技术因素、市场因素、社会因素及企业内部因素五个变量作为低碳生产绩效的前因变量，将企业低碳生产绩效作为结果变量，五个因素分别作用于企业低碳生产绩效，以此建立各驱动因素与企业低碳生产绩效传导机制的概念模型，如图 5－1 所示。

5.1.2　研究假设

对于企业来讲，满足利益相关者的低碳诉求对企业的可持续发展至关

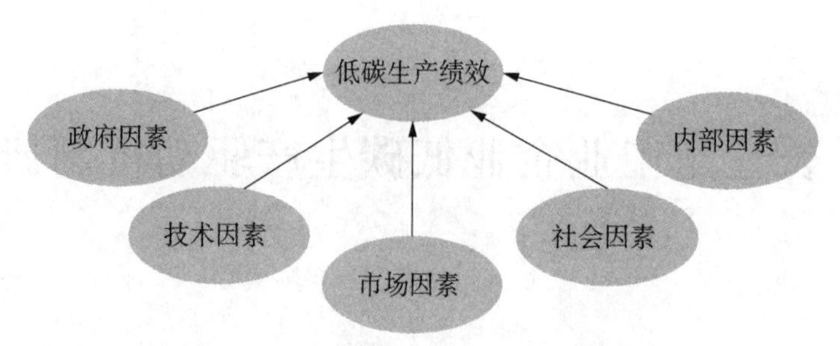

图 5-1　企业低碳生产绩效的基础理论模型

重要，因此获得企业内外部环境中所有利益相关者的认可，将是企业采取低碳生产行为的主要动机。企业通过低碳运营和绿色生产，可以取得和巩固既定制度环境中的合法性。其中，政治环境驱动力、社会因素驱动力、产品市场驱动力等是企业外部环境的主要驱动力，而通过企业组织结构和环境认知，企业内部的利益相关者将作为企业低碳生产的内部驱动力，产生重要的影响。由于技术—制度复合体的存在，企业组织同时存在于制度环境和技术环境之中。企业在进行低碳生产行为决策时，受到政府因素、技术因素、市场因素、社会因素、企业内部因素等诸多因素的影响，本章将这些内外部影响因素引入模型，并重点分析以下四个变量与低碳生产行为、绩效的关系。

（1）政府因素

政府因素包括环境性政策管制和政府激励性环境政策，两者在促使企业进行低碳化生产、改善绩效的进程中扮演了极为重要的角色，制约着企业的行为和发展。从企业想要提高自身的财务、环境绩效的角度出发，在政府环境政策的宏观调控下，企业为了提升整体价值，同样也需要紧跟国家政策的脚步。政府因素可以对企业的经济活动进行调节，是研究企业节能减排行为和低碳生产绩效的显著影响因素。

基于 59 家“绿色”公司的实证数据，Dongwon Shin 和 Mark Curtis 等(2008)分析发现，政府政策等外部因素可以解释这些企业 90%低碳生产、节能减排等环境方面的行为决策。王晓莉等(2011)发现，在低碳生产意愿方面，政府因素发挥着显著的正向影响。以加拿大 331 家企业为研究对象，Gray 和 Scholz(1991)、Henriques 和 Sadorsky (1996)通过定量分析认为，政府的强制性规则是导致企业环境行为的重要推动力。Jeffrey A. Drezner(1999)研究表明，在政府的经济激励政策方面的优待下，企业因逐利性会积极地实施低碳生产行为。同时，也有学者认为，企业是为了避免承担更严厉的环境政策管制才实施节能减排行为(陈晓红,2014;陈红喜,2013)。合理强度的政府环境政策将促使企业在环保方面与企业财务绩效方面达到“双赢”(黄德春等,2006)。因此,根据以上分析,提出如下假设:

H1:政府因素正向显著影响低碳生产绩效。

(2) 利益相关者因素

企业肩负着生态环保的社会责任,也需要满足消费者对绿色产品的偏好和诉求。在社会(社会公众、大众媒体)和市场(消费者、下游销方、上游供方等合作伙伴)的双重压力及动力下,企业通过低碳生产行为可以得到社会公众的支持与投资者的青睐(Severo E. A.,2014)。企业利益相关者因素会通过社会因素和市场因素,不同程度地影响企业的经济效益和社会效益,进而对企业低碳生产绩效发挥重要的作用。在广大群众的低碳环保意识不断增强的今天,企业进行低碳运营,以及低碳生产绩效的提高,对自身的品牌优势与市场评价、经济利润和社会价值的重要性毋庸质疑。

通过 logistic 进行实证分析,Henriques 和 Sadorsk(1996)发现,来自相关利益者的压力和要求,无论是客户、竞争对手等市场方面还是社会公众,都会显著驱使企业制定环境策略,实施低碳生产行为。King & Lenox(2000)、Matthew Clark(2005)研究发现,消费者、社会团体等利益相关者的绿色诉求会迫使企业更加关注自身品牌形象和市场评价,从而采取一定的环境管理行为,以获得大众的支持和认可。通过构建企业环境管理驱动作用模型,周萍(2009)发现,在企业的外部利益相关经济体中,市场因素与竞争因素是企业低碳化运营的正向影响因素,使企业的环境管理行为得到进一步落实。根据以上文献可以发现,绝大多数利益相关者都会正向促进企业的低碳化生产,但要更加注意的是低碳产品的购买诱惑力目前并不比普通产品更高(陈红等,2013)。因此,提出如下假设:

H2:社会因素正向显著影响低碳生产绩效。

H3:市场因素显著影响低碳生产绩效。

(3) 企业内部因素

在既定的企业环境文化氛围和外部环境压力下,企业的绿色生产、低碳运营离不开高层管理者对低碳生产技术的研发投入及生产流程的革新。在研发上愿意投入更多的企业,在低碳生产上的意愿也更为强烈(王晓莉,2011)。同时,员工对环境问题的认知,也会在一定程度上推动企业清洁生产的效率增进。国内外大部分实证研究结果表明,为了创造更高的经济效益和社会效益,企业高层管理人员所持有的环境意识及对清洁生产态度的转变会显著影响企业实施环境管理行为(Downing&Kimball,1998),从而引导企业的低碳生产绩效水平不断提高。以希腊142家公司为研究对象,Papagiannakis等人经过一系列的数据分析发现,企业实施环境管理行为更大程度上会受到管理者环境态度的间接影响。基于实证研究数据,Gunningham等(2003)认为,相比企业外部因素,管理者的环境管理风格会对企业低碳生产和运营产生更大的影响。国内学者何小刚等人的研究表明,在企业规模等内部因素的共同作用下,低碳生产绩效受到的影响要视具体情况而定。因此,提出如下假设:

H4:内部因素显著影响低碳生产绩效。

(4) 技术进步因素

Thomas and Ong(2004)发现,20世纪90年代,许多木质家具企业通过技术创新,达到经济增长与环境保护的双赢局面。相关环境技术的获取、引进与创新,对企业节能减排能力具有很强的支撑效应,可以帮助企业降低生产成本,使低碳生产事半功倍,从而实现更高的利润(FL Reinhardt&RIN Stavins,2010)。因此,低碳生产能力的提升和正溢出性会显著增强企业低碳化生产与改造的自我意愿。Zhou D. C. (2007)的研究结果表明,企业提高能源使用效率的关键点在于节能技术的进步。技术进步使管理者拥有更多可控资源,主动采取环境战略、实施低碳生产行为意味着环境保护和经济效益的双赢(胡美琴,2009),进而改善低碳生产绩效。因此,本章将技术因素作为解释变量添加进模型,提出如下假设:

H5:技术因素正向显著影响低碳生产绩效。

5.1.3 研究方法

本章的逻辑研究模型是经过严格筛选和研究测试后确定的,为结构方程模型(Structural Equation Model,SEM)。SEM模型可用于研究自变量与因变量之间的关系,不仅能研究单个变量之间的相互联系,还可以用于研究多个自变量与多个因变量的潜在关系。另外,SEM模型也是可以用于评价某些解释可观测变量与隐性变量之间关系的理论模型,对变量间的直接作用与间接作用都能给出相应的分析。本章对问卷回收所需的数据,先利用SPSS 19.0进行样本描述性统计、信度与效度分析,而后利用AMOS 21.0软件构建了SEM模型,探究各个变量之间的相互影响关系。

5.2 量表与数据

5.2.1 样本选择

本次调研所使用的问卷内容十分详尽，涵盖了企业运营与生产中和低碳节能相关的各个环节，同时还涉及了对影响企业低碳生产与绩效的内外部驱动力的调查。本章选择的企业大多数属于高碳排放组与资本密集型行业，能源使用强度、碳排放量与碳排放强度均属于行业高水平。本次调研选择现场采访和发放调查问卷两种方式进行，调研对象为企业管理层人员，同时通过网络收集了部分问卷。本次调研分两个阶段进行，其中第一次大规模问卷调查集中在2016年9月至2017年6月，在无锡市相关政府机构和协会的帮助下，在各地企业的大力配合下，共收集以无锡市为主，包括南京、常州、苏州、扬州等经济较发达的城市在内的企业低碳生产行为数据。第二次大规模问卷调查集中在2020年3月至2020年4月，在上海、浙江和安徽进行了问卷发放与回收工作。在相关政府机构和协会的帮助下，收集了包括上海、合肥、宣城、滁州、安庆、杭州、宁波、金华、嘉兴等具有代表性的城市企业低碳生产行为数据。在第二阶段数据搜集期间，共计发放调查问卷360份，实际回收212份，有效问卷172份。两个阶段共计发放问卷640份，实际回收568份，问卷回收率为88.75%，有效问卷405份，问卷有效回收率为63.28%。其中，江苏有效问卷233份，上海有效问卷75份，浙江有效问卷56份，安徽有效问卷41份。本问卷所含内容针对性强，发放范围较为全面，能够客观反映研究课题的代表性和科学性，收集的数据有着一定的可靠性和真实性。样本的描述性统计如表5-1所示。

表5-1 样本企业基本情况描述性统计

企业基本情况		样本数	百分比	累计百分比
企业性质	国有或国有控股企业	69	17.04%	17.04%
	股份制企业(非国有控股)	78	19.26%	36.30%
	私营企业	157	38.77%	75.06%
	外资企业	67	16.54%	91.60%
	其他	34	8.40%	100.00%

续表

企业基本情况		样本数	百分比	累计百分比
企业经营年限	10 年以上	215	53.09%	53.09%
	5—10 年	81	20.00%	73.09%
	2—5 年	67	16.54%	89.63%
	2 年以内	42	10.37%	100.00%
行业划分	房地产	45	11.11%	11.11%
	石油化工	34	8.40%	19.51%
	电子机械制造	60	14.81%	34.32%
	玻璃陶瓷制造	53	13.09%	47.41%
	新能源与节能	21	5.19%	52.59%
	其他	20	4.94%	57.53%
企业规模	300 人以下	187	46.17%	46.17%
	300—999 人	101	24.94%	71.11%
	1 000—1 999 人	36	8.89%	80.00%
	2 000—4 999 人	58	14.32%	94.32%
	5 000 人以上	23	5.68%	100.00%
企业碳排放强度	100 $kgCO_2$/万元以下	91	22.47%	22.47%
	100—500 $kgCO_2$/万元	178	43.95%	66.42%
	500—1 000 $kgCO_2$/万元	64	15.80%	82.22%
	1 000 $kgCO_2$/万元以上	72	17.78%	100.00%

注：对企业经营年限、行业划分、企业规模及节能投入的分类标准并没有一致的看法，本章的划分只是为方便浏览企业基本情况，对研究结果并无影响。

基本信息的分析指标包含企业性质、行业、规模等，结果如表 5－1 所示。由表可知，私营企业与存立时间在 10 年以上的企业是本次调查的主要对象，分别占据总样本的 38.77%和 53.09%；在企业的行业分布中，电子机械制造业的比重较高，达到 14.81%；在企业的规模分布中，中型企业是主要数据来源；在企业的碳强度分布中，碳排放强度在 100—500 $kgCO_2$/万元之间的比重相对较大，达到 43.95%。

5.2.2 量表设计

根据调查问卷的设计流程和设计原则，设计的问卷可划分为四个部分。第一部分起到说明作用，为调查对象在问卷填写时可能遇到的疑惑进行解答和介绍填写规范。第二部分起到归纳企业基本信息的作用，包括企业性质和所属行业、规模、调查对象在部门和岗位的年龄等，以便后期统计分析。第三部分是问卷的主体部分，主要是对企业低碳生产绩效影响因素的调查，根据表5-1和前文的研究假设及依据，共包含29个测项：影响企业低碳生产的政府因素的调查，共有4个测项(分别设为GF1—GF4)；影响企业低碳生产的技术因素的调查，共有5个测项(分别设为TFl—TF5)；影响企业低碳生产的市场因素的调查，共有6个测项(分别设为MF1—MF6)；影响企业低碳生产的内部因素的调查，共有5个测项(分别设为IF1—IF5)；影响企业低碳生产的社会因素的调查，共有5个测项(分别设为SF1—SF5)；企业的低碳生产绩效现状的全面调查，共有4个测项(分别设为PP1—PP4)。第四部分是2015年企业生产情况(工业增加值、总资产、利润总额、从业人员数、煤炭石油天然气电力的消耗量)。量表采用7分制的利克特(Liket Scale)量表，测量受访者对有关问题的态度，1—7是一个递增的概念，1代表"完全不同意"，7代表"完全同意"。

本问卷通过三个阶段来完成最终设计。第一阶段是设定问卷调查的测量指标，根据专家访谈和文献整理及本研究的现实情况，经过小组讨论，确定问卷的初稿。第二阶段是问卷调整阶段，针对问卷的形式和具体内容，结合了小组讨论和预调研数据整理之后，对问卷开展了多次修正，涉及问卷相关格式、指标项目的陈述等。第三阶段则是发布正式的问卷，通过问卷调查、实地访谈的方式，获取充足的样本数据，用于实证分析和模型检验。本次设计的问卷内容周密详细，对企业低碳生产相关的管理过程皆有涉及，另外还包括了同样影响企业低碳生产行为和生产绩效的企业内外部驱动力及其影响力。

表5-2 变量汇总

潜变量因素	显变量因素(测量项目)	理论来源
政府因素GF	节能低碳产品的政府采购促进了企业低碳生产 节能低碳项目的财政补贴促进了企业低碳生产 对节能低碳生产不达标企业的处罚推动了低碳生产 节能低碳产品标准的制定与推广促进了企业低碳生产	Carmen&Robert(2006) Dongwon Shin&Mark Curtis(2008) 周曙东(2012) 陈晓红(2014)
技术因素TF	企业现有的节能低碳生产技术水平或工艺水平低 企业对现有技术或工艺进行节能低碳化改造成本高	Zwetsloot G. I. J. M.(2003) Thomas and Ong(2004)

续表

潜变量因素	显变量因素(测量项目)	理论来源
	企业节能低碳生产技术研发成本或购买成本高 企业节能低碳生产技术主要来自内部研发 企业节能低碳生产技术主要来自外部购买	Zhou D. C. (2007) 胡美琴(2009) F. L. Reinhardt&Stavins(2010)
市场因素 MF	国内消费者对节能低碳产品的采购倾向越来越强 出口市场的节能与低碳产品需求越来越突出 低碳生产越来越成为行业竞争对手的战略行为 低碳生产提升了企业的供应链协作水平 低碳生产改善了企业的融资状况 节能与低碳生产为企业带来了新的市场机会	Matthew Clark(2005) Moon(2011) 周萍(2012) 陈红等(2013) Severo E. A. (2014) Zhao(2015)
内部因素 IF	企业高级管理层具有较高的低碳战略意识 企业基层员工具有较高的低碳生产意识 企业内部低碳技术研发人才缺乏 企业内部低碳技术研发投入不足 低碳生产降低了企业的财务绩效	Claver et al. (2007) 王林秀(2009) Brust & Liston-Heyes (2010) 王晓莉等(2011) 何小刚等(2012)
社会因素 SF	企业低碳生产行为越来越受到媒体的关注与监督 企业低碳生产行为越来越受到社会公众的关注与监督 企业低碳生产为企业带来了更融洽的政企关系 低碳生产使企业得到了周围居民的更大支持 企业低碳生产提升了企业的品牌形象和社会声誉	Henriques&Sadorsk (1996) Kollman&Prakash (2002) Matthew&Clark(2005) Spyros Arvanitis(2013) Severo E. A. (2014)
低碳生产绩效 PP	企业能源利用效率提升 环保部门对本企业的环保评级 企业单位增加值的碳排放(即碳排放强度)下降程度 企业节能低碳产品出口增速	Klassen&McLaughlin (1996) Reinhardt F. L. (1998) Gottsman &Kessler (1998) F. L. Reinhardt&Stavins (2010)

5.2.3 量表信度分析

信度(Reliability)用于衡量数据的可靠程度,能够反映结果的内容一致性及时间稳定性。α 系数用于评价量表内部的一致性，即考察量表条目的关联程度。本次调研的量表设计是用多数问项测量同一个变量，因此可以用内部一致性信度测验来反映测量结果的可靠性。Cronbach's α 系数的判断基准由 Wortzel 于 1997 年提出，α 系数越大，量表的可靠性就越高。判别标准如表 5－3 所示。

表 5－3　Cronbach's α 系数的判别标准

α 值范围	意义
$\alpha \leq 0.35$	低信度(Low Reliability)
$0.35 < \alpha < 0.7$	中信度(Moderate Reliability)
$\alpha \geq 0.7$	高信度(High Reliability)

本章用 SPSS 20.0 对 Cronbach's α 系数进行计算，以此来分析模型量表的内在一致性，分析结果如表 5－4 所示。

表 5－4　各子量表的信度检验

潜变量	显变量名称	显变量代码	去掉该变量后的 α 值	Cronbach α 系数
政府因素	标准制定与推广	GF1	0.788	0.815
	环保处罚	GF2	0.791	
	财政补贴	GF3	0.750	
	政府采购	GF4	0.735	
技术因素	技术外部购买	TF1	0.671	0.686
	技术内部研发	TF2	0.665	
	技术购买/研发成本	TF3	0.632	
	低碳改造成本	TF4	0.583	
	技术水平	TF5	0.623	
市场因素	市场机会	MF1	0.834	0.864
	融资状况	MF2	0.839	
	供应链协作水平	MF3	0.830	
	市场竞争	MF4	0.850	
	产品需求	MF5	0.845	
	采购倾向	MF6	0.849	

续表

潜变量	显变量名称	显变量代码	去掉该变量后的α值	Cronbach α系数
企业内部因素	财务绩效	IF1	0.657	0.721
	研发投入	IF2	0.681	
	研发人才	IF3	0.691	
	低碳生产意识	IF4	0.685	
	低碳战略意识	IF5	0.662	
社会因素	品牌与社会声誉	SF1	0.826	0.867
	社区居民关系	SF2	0.839	
	政企关系	SF3	0.877	
	社会公众关注	SF4	0.824	
	媒体关注	SF5	0.825	
低碳生产绩效	环保评级	PF1	0.759	0.782
	能源利用效率	PF2	0.700	
	碳排放强度	PF3	0.735	
	出口增速	PF4	0.722	

纵观各子量表的测量信度，不难看出，Cronbach's α 值位于 0.6 与 0.7 之间，而其他技术和因子均在 0.7 以上，由此能够明显看出，本问卷设计合理，可信任程度高，结果非常接近实际。此外，问卷结果的可靠性高达 0.932，这也证实了问卷所涉及的企业低碳生产绩效驱动因素的调查结果是非常接近实际的，调查结果可以作为研究的参考依据。

5.2.4 量表效度分析

测算样本时，测量工具的正确率就是效度（validity），在一定程度上体现测算结果跟预期结果相符的概率程度，同时提供相应的依据给研究者，以此来判断之前的数据收集是否对研究有所帮助。内容效度（content validity）和结构效度（construct validity）共同构成了效度的重要部分。

对主题和内容相互符合的程度进行验证，就是内容效度。本章在设计量表时参照相关理论，参考国内外学者的研究理论及成果，以相关的成熟数据作为研究基础，加以改进后形成量表，最后分析并修订。所以，本量表能够对内容效度的相应程度加以满足。研究的命题通过测量工具来加以体现，并体现出相应的程度，这就是结构效度。普遍地说，在对量表结构效度加以计量时，可以采用主成分分析法或因子分析法来实现，先行采用KMO与Bartlett球形来对样本数据进行检验并通过之后，方可进行计算。特别是采用因子分析法来进行计算时，如果KMO值在1附近，$P<0.001$出现于Bartlett球形检验当中，那么证明只需提取最少的因子就足以解释大多数的方差，样本数据进行因子分析的适合度就越高。问卷效度检验运用因子分析法来作为本研究的验证方法，标准化因子负荷大于0.7时，证明量表的效度较高；低于0.45时，量表不具有可靠的效度。各变量的检验结果如表5-5所示。

表5-5　KMO检验和Bartlett球形检验

子量表名称	KMO检验值	Bartlett球形检验		
		卡方值	自由度	显著性
政府调控行为子量表GF1—GF4	0.796	536.080	6	0.000
技术因素子量表TF1—TF5	0.744	300.064	10	0.000
市场因素子量表MF1—MF6	0.858	1044.992	15	0.000
内部因素子量表IF1—IF5	0.709	403.363	10	0.000
社会因素子量表SF1—SF5	0.853	967.399	10	0.000
低碳生产绩效子量表PF1—PF4	0.778	435.641	6	0.000

表5-5显示，所有变量的KMO值都超过0.7，说明因子分析法适用于样本数据。同时，Bartlett λ^2统计值显著性概率为0.000，比0.01小，可以证实数据具有相关性，样本具有研究价值。

5.2.5　描述性统计分析

表5-6显示了平均值、标准差(SD)、AVE的平方根及变量之间的相关性。平均方差抽取量(AVE)可用于检验量表数据的收敛效度。表5-6对角线上的AVE平方根的取值范围介于0.618至0.703之间，除了政府因素的AVE平方根值略小于其与社会因素和低碳生产绩效的相关系数外，均高于该变量与其他变量的相关系数，因此所收集的数据具有一定的判别效度。

表 5-6 描述性统计分析

变量	均值	标准差	1	2	3	4	5	6
政府因素	5.480	0.872	**0.618**					
技术因素	5.391	0.666	0.493***	**0.633**				
市场因素	5.494	0.837	0.596***	0.499***	**0.652**			
内部因素	5.289	0.736	0.387***	0.465***	0.413***	**0.703**		
社会因素	5.679	0.845	0.590***	0.514***	0.599***	0.439***	**0.672**	
低碳生产绩效	5.462	0.764	0.562***	0.528***	0.567***	0.431***	0.617***	**0.670**

注：*** 表示 P<0.01 水平上显著，** 表示 P<0.05 水平上显著。表格中加粗并带有下划线的数据为 AVE 的平方根。

5.3 实证分析

5.3.1 初始模型的构建

以上述分析为前提，在构建初始结构方程模型时，本章应用 AMOS 软件来对理论模型加以转换，具体如下图 5-2。

表 5-7 所示为载荷系数研究中的估计结果，检验载荷系数显著性需要应用 CR 值和 P 值，0.612 为载荷系数的标准化最小值，远远超过 0.5，P 值均小于 0.01，说明具有较高的显著性水平，但由于市场因素和内部因素相应 P 值均大于 0.01，因此在显著性评价要求方面，模型并不能完全符合。

通常在对模型拟合数据程度加以考察时，才会用到结构方程模型的拟合指数。拟合指数能够分为许多种类，从不同的方面来考察模型的综合拟合度，包括模型复杂程度、样本量规模、相对性与绝对性等。本章在对模型拟合程度进行衡量时，采用了绝对拟合指数、简约拟合指数和相对拟合指数这三种类型，表 5-8 为测量结果。可以发现，简约拟合指数的测算结果达到了模型评价标准，但是其余的两种指数却无法跟标准相吻合，可见模型不能被接受，需要对模型进行指标修正。

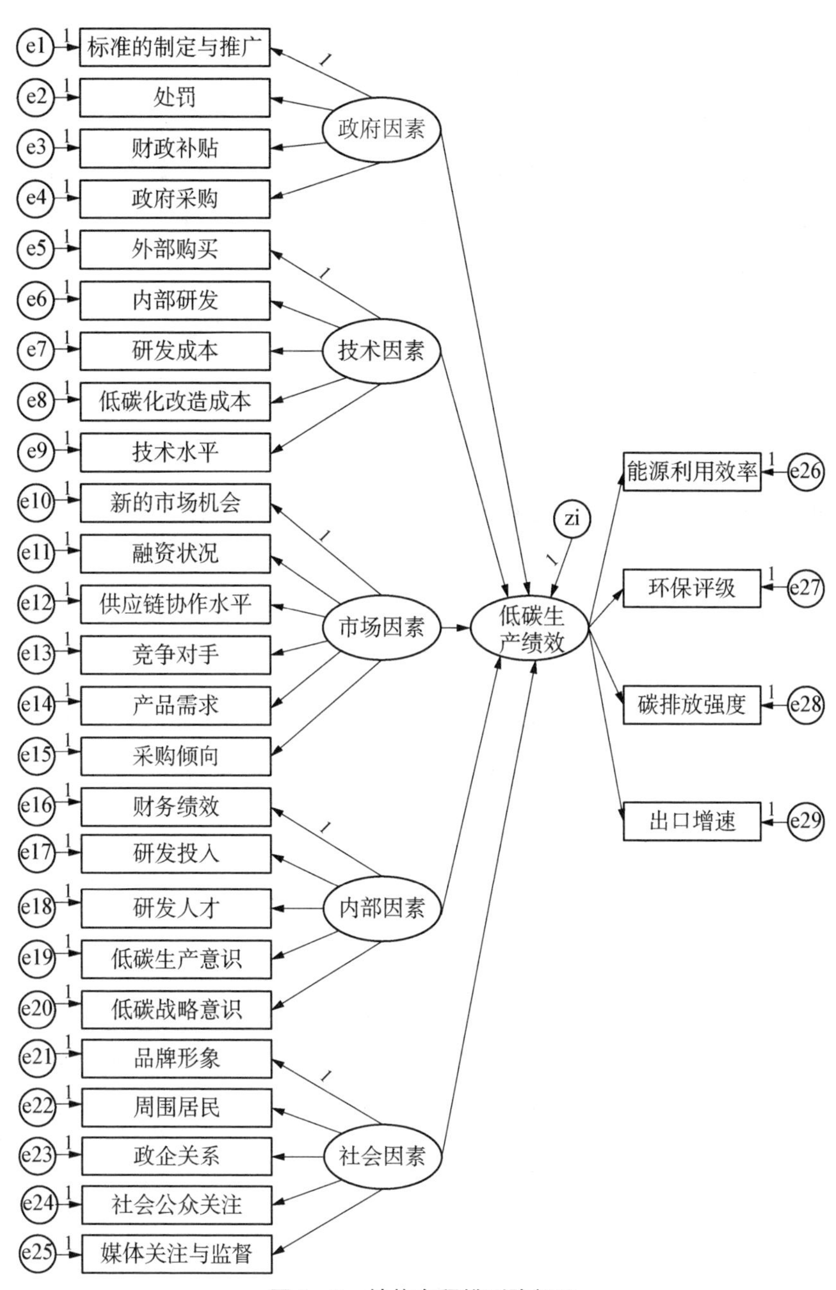

图 5-2 结构方程模型路径图

表 5-7 载荷系数估计结果

变量名称		变量名称	Estimate	SE	CR	P	Label
低碳生产绩效	<———	政府因素	0.324	0.048	6.688	***	par_24
低碳生产绩效	<———	技术因素	0.268	0.072	3.734	***	par_25
低碳生产绩效	<———	市场因素	0.072	0.032	2.237	0.025**	par_26
低碳生产绩效	<———	内部因素	0.11	0.046	2.383	0.017**	par_27
低碳生产绩效	<———	社会因素	0.455	0.042	10.722	***	par_28
政府采购	<———	政府因素	1.342	0.107	12.601	***	par_1
财政补贴	<———	政府因素	1.203	0.098	12.253	***	par_2
处罚	<———	政府因素	0.942	0.087	10.787	***	par_3
标准的制定与推广	<———	政府因素	1.000				
低碳化改造成本	<———	技术因素	1.505	0.209	7.199	***	par_4
研发成本	<———	技术因素	1.182	0.174	6.781	***	par_5
内部研发	<———	技术因素	0.843	0.142	5.926	***	par_6
外部购买	<———	技术因素	1.000				
技术水平	<———	技术因素	1.158	0.171	6.776	***	par_7
竞争对手	<———	市场因素	0.754	0.059	12.683	***	par_8
供应链协作水平	<———	市场因素	0.997	0.063	15.948	***	par_9
融资状况	<———	市场因素	0.957	0.062	15.311	***	par_10
新的市场机会	<———	市场因素	1.000				
产品需求	<———	市场因素	0.8	0.06	13.297	***	par_11
采购倾向	<———	市场因素	0.784	0.061	12.769	***	par_12
低碳生产意识	<———	内部因素	0.843	0.102	8.256	***	par_13
研发人才	<———	内部因素	0.805	0.109	7.42	***	par_14
研发投入	<———	内部因素	0.956	0.117	8.195	***	par_15
财务绩效	<———	内部因素	1.000				
低碳战略意识	<———	内部因素	0.976	0.11	8.855	***	par_16
社会公众关注	<———	社会因素	0.968	0.055	17.623	***	par_17

续表

变量名称		变量名称	Estimate	SE	CR	P	Label
政企关系	<———	社会因素	0.612	0.054	11.386	***	par_18
周围居民	<———	社会因素	1.016	0.059	17.13	***	par_19
品牌形象	<———	社会因素	1.000				
媒体关注与监督	<———	社会因素	0.914	0.05	18.134	***	par_20
能源利用效率	<———	低碳生产绩效	1.000				
环保评级	<———	低碳生产绩效	0.834	0.09	9.29	***	par_21
碳排放强度	<———	低碳生产绩效	0.88	0.09	9.813	***	par_22
出口增速	<———	低碳生产绩效	0.794	0.098	8.103	***	par_23

注：***表示 P<0.01 水平上显著，**表示 P<0.05 水平上显著。
资料来源：AMOS26.0 输出结果。

表 5-8　模拟拟合指数

指数名称		评价标准	指标值	评价结果
绝对拟合指数	P 值	大于 0.05	0.000	不好
	χ^2/df	小于 2	6.085	不好
	GFI	大于 0.9	0.694	不好
	RMR	小于 0.08，越小越好	0.292	不好
	RMSEA	小于 0.08，越小越好	0.112	不好
简约拟合指数	PNFI	大于 0.5	0.580	满足
	PCFI	大于 0.5	0.615	满足
	PGFI	大于 0.5	0.594	满足
相对拟合指数	NFI	大于 0.9，越接近 1 越好	0.633	不好
	TLI	大于 0.9，越接近 1 越好	0.641	不好
	CFI	大于 0.9，越接近 1 越好	0.671	不好

5.3.2　模型修正

要使得模型达到研究的预期效果，需要借助 AMOS 软件的计算结果和修改提示来反复试验调整，才能建立变量之间的科学相关性，消除路径偏差和达到较高拟合度。本章利用 AMOS 模型进行增减路径的修正，增加了协方差关系到初始结构方程模型的残差当中，增加路径关系到变量当中，所增加的关系图如图 5－3 所示。

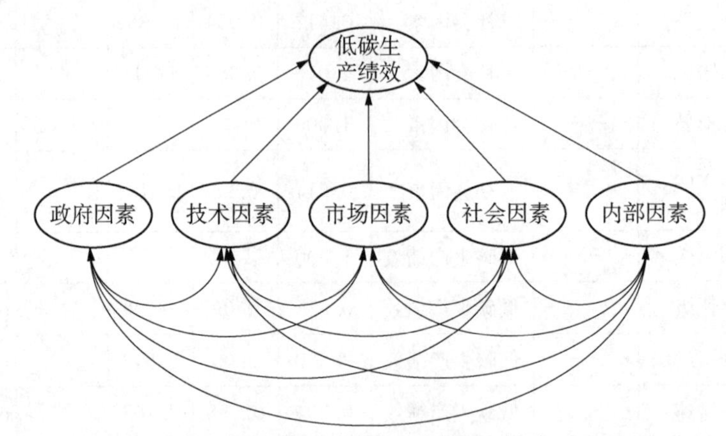

图 5－3　企业低碳生产绩效影响因素及驱动机理

在修正后的 SEM 模型中，本章增加了 10 条路径并通过了 SPSS 的相关性检验，证明新增路径在 0.01 的显著水平下相关。根据表 5－9 的参数估值，可以看到政府因素与社会因素的相关系数最大，达到了 0.795。政府与市场之间的相关系数也大于 0.7，市场因素和社会因素的相关系数为 0.683，技术因素与政府因素、社会因素、市场因素、内部因素之间的相关系数都大于 0.6。

表 5－9　修正后的结构方程模型新增路径参数估计值

新增路径	标准化估计值	估计值	标准误差值	临界比（C. R.）	显著性
政府因素＜——＞社会因素	0.795	0.520	0.055	9.438	***
政府因素＜——＞市场因素	0.703	0.433	0.051	8.487	***
政府因素＜——＞技术因素	0.637	0.203	0.036	5.625	***
政府因素＜——＞内部因素	0.546	0.193	0.034	5.721	***
技术因素＜——＞市场因素	0.648	0.226	0.039	5.806	***
技术因素＜——＞内部因素	0.616	0.123	0.026	4.675	***
技术因素＜——＞社会因素	0.662	0.246	0.039	6.249	***
市场因素＜——＞内部因素	0.580	0.224	0.038	5.861	***
内部因素＜——＞社会因素	0.624	0.256	0.041	6.218	***
市场因素＜——＞社会因素	0.683	0.489	0.055	8.915	***

对假设的模型进行修正之后，再次分析，并应用 AMOS 软件来进行处理，然后得出结果，检验载荷系数显著性过程中，原模型与修正模型均通过了检验。修正前后，模型拟合程度的比较评价表见表 5－10。

表 5－10 模型修正前后的拟合指数评价比较

指数名称		评价标准	指标值（修正前）	指标值（修正后）	评价结果
绝对拟合指数	P 值	大于 0.05	0.000	0.000	不好
	χ^2/df	小于 2	6.085	2.793	满足
	GFI	大于 0.9	0.694	0.867	尚可
	RMR	小于 0.08，越小越好	0.292	0.062	满足
	RMSEA	小于 0.08，越小越好	0.112	0.067	满足
简约拟合指数	PNFI	大于 0.5	0.580	0.691	满足
	PCFI	大于 0.5	0.615	0.729	满足
	PGFI	大于 0.5	0.594	0.658	满足
相对拟合指数	NFI	大于 0.9，越接近 1 越好	0.633	0.850	尚可
	TLI	大于 0.9，越接近 1 越好	0.641	0.873	尚可
	CFI	大于 0.9，越接近 1 越好	0.671	0.897	尚可

表 5－10 显示在一定程度上有效改善了修正模型的拟合指标，χ^2/df 值和 RMSEA 指数均有所降低，分别为 2.793 和 0.067；RMR 指数小于 0.08，符合了拟合指数标准。尽管在标准值方面，P 值、GFI 、CFI、TCL 和 NFI 都不能完全符合，但是却相当接近，而且跟没有修正模型之前的拟合程度相比较，提升了许多。通常，在复杂的结构方程模型当中是有一两个指标达不到标准的，所以修正模型在拟合度方面已经达到较高水平，修正模型可以通过样本数据来进行体现。

5.3.3 路径系数

根据修正模型的假设检验结果，得出最终研究变量间关系和模型路径系数，如图 5－4 所示。

修正模型路径估计系数结果如表 5－11 所示，对于内部因素和市场因素路径系数而言，其 P 值超过 0.05，CR 值明显比 1.96 还要低；两者的显著性水平都比较低，说明修正模型中没有被接受的假设有 H3 和 H4。

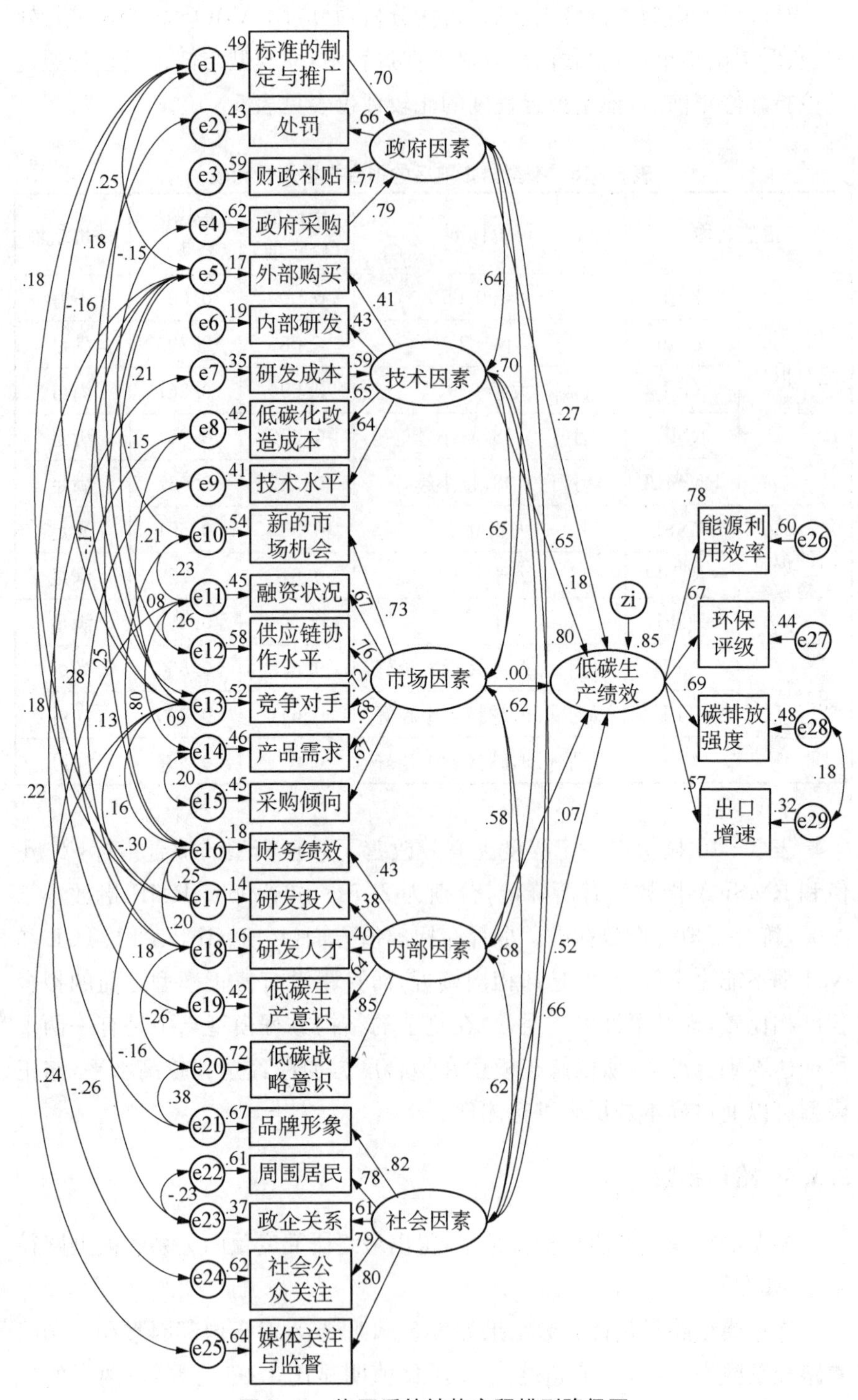

图 5-4　修正后的结构方程模型路径图

表 5-11　修正模型的路径系数估计结果

假设	标准化路径系数	CR	P 值	检验结果
H1：政府因素正向显著影响低碳生产绩效	0.272	3.144	0.002**	接受
H2：社会因素正向显著影响低碳生产绩效	0.521	6.106	0.000***	接受
H3：市场因素显著影响低碳生产绩效	−0.002	−0.027	0.978	拒绝
H4：内部因素显著影响低碳生产绩效	0.071	1.173	0.241	拒绝
H5：技术因素正向显著影响低碳生产绩效	0.164	2.126	0.033**	接受

实证研究得出，模型中的假设 H1、H2、H5 路径显著，其他两条路径未得到支持。原模型假设市场因素和企业内部因素对企业低碳生产绩效均具有正向影响（H3 和 H4），但是通过模型检验，该假设检验显示其标准化路径系数估计值分别为−0.002 和 0.071，对于小于 0.05 的显著性水平而言，其 P 值均不满足，两条路径作用并不显著，因此假设 H3 与 H4 被拒绝。初始模型假设政府因素、社会因素和技术因素对低碳生产绩效均具有显著正向影响（H1、H2、H5），假设成立。原模型假设检验中，P 值达到显著水平；同样，修正模型假设检验显示，标准化路径系数估计值分别为 0.272、0.521 和 0.164，P 值也未达到 0.05，因此原假设 H1、H2、H5 取得了实证支持。由此可见，政府因素、社会因素和技术因素均与低碳生产绩效呈显著正相关，对企业实现碳解锁有显著的促进作用，而社会因素的影响力度要显著高于技术因素和政府因素的影响力度，说明低碳生产绩效的提升离不开政府和技术层面的支持，但更重要的是社会公众在低碳生产观念上的转变。企业对声誉和形象的维护，对提高生产绩效所产生的影响也非常重要，企业会为了市场价值的实现和提高，实施低碳生产行为，进而提高生产绩效。同时，政府因素与社会因素相关关系最大（0.795），这说明要想促进企业低碳生产绩效的提高，来自政府方面的政策引导必不可少，政府在多主体治理模式中将扮演关键角色。在政府发力的作用下，通过社会因素等外因作用来提高企业低碳意识，促进企业探索低碳发展模式，加快建立技术支持机制和学习机制；在内外部共同压力下，转换生产方式，主动进行节能减排。技术因素和政府因素对低碳生产绩效的直接影响之路径系数并不大，说明技术效应在样本企业生产经营中没有完全发挥出减排的作用，可能的原因是样本企业研发强度、技术创新能力较弱，或者存在着技术进步的抵消作用，研发投入偏向产出增长，并未从总体上实现节能减排、提高低碳生产绩效。技术因素和内部因素显著相关（0.616），表明低碳生

产技能的提升、产品工艺的改进和创新大大依赖于企业在低碳生产观念上的转变,以及制度与管理上的革新。同时,市场中的企业是异质的,低碳生产绩效的提升必须立足于自身优势来评估采用适合的低碳技术,政府代替企业做决定,结果往往是“好心办坏事”。

市场因素和企业内部因素对低碳生产绩效的影响均不显著,除了受研究样本数据所限导致此结果外,可能原因如下:一是目前相对于企业而言,自愿性环境管理并不是必须的,若高碳工业企业管理者和员工低碳意识薄弱,在自身运营情况良好的条件下不愿意主动进行低碳生产和积极的环境管理,则内部研发投入和人才会相对缺乏,导致企业的内部环境并未良好地支撑企业的低碳化生产,从而不能有效带动企业生产与环境绩效的提升;二是消费者在低碳产品的市场尚不成熟的情况下,很少主动选择对绿色产品的消费,大多数消费者处于观望态度,直接进行消费的情况并不普遍,甚至少见,高污染的工业企业对采取低碳生产能否带来收益并不确定,对生产运营是否会产生较大风险也不得而知。由于企业的最终目的是盈利,因此在这种不确定性环境下,在低碳市场竞争和产品需求并不突出的情况下,多数企业是不会主动选择低碳生产的。当企业拥有良好的财务状况、低碳文化氛围浓郁或对环境问题重视时,才会在低碳生产行为方面表现得积极主动,从而获得良好的低碳生产绩效;同时,良好的生产绩效也会进一步促进公司财务绩效、市场评价和社会声誉的提高,促使其继续实施低碳生产行为。考虑到政府因素与市场因素有显著的相关性(0.703),政府应发挥导向作用,降低企业进行低碳生产的成本和运营风险,引导企业重视和提升碳竞争力,激励企业产品结构升级,制定相关政策作为市场机制的补充,让企业从被动接受环境规制向自愿采取低碳生产行为转变,为低碳经济发展奠定基础。

5.4 结论与启示

本章运用结构方程模型,针对企业低碳生产影响因素,对企业低碳生产绩效的驱动机制进行验证,主要得到以下结论与启示:

(1) 政府因素、技术因素与社会因素对企业的低碳生产水平均存在正向直接影响。其中,社会因素的正向促进作用最为明显,技术因素与政府因素次之。内部因素和市场因素对低碳生产绩效的促进作用未能发现。相对于内部驱动力和技术驱动力而言,外部驱动力的影响力度更大,这可能与选取的研究对象有关。高排放的企业对周围环境的影响相对较大，相应地，企业感受到来自外部的驱动力就越明显。同时，高耗能的工业企业对环境政策颁布和实施更为敏感，所在行业制定的规则更为严格。五种影响因素之间两两相关，相互影响，联系紧密，这使得目前企业低碳生产影响因素的分解分析差异极大，充满了进一步探讨的空间。

（2）政府因素和技术因素虽然对企业低碳生产绩效有促进作用，但是影响程度不高，有进一步加强的空间。因此，政府需要加强强制性的环境规制，使得高污染制造企业感受到改善生产绩效的急迫性；需要加强激励性环境政策和低碳生产技术的研发与推广，从而降低企业进行低碳生产的成本和运营风险，进而让企业从被动接受环境规制向自愿采取低碳生产行为转变，实现更好发展。

6 长三角多区域一般均衡模型(MR-CGE)构建

本章参考长三角“十三五”工业转型升级规划及中长期碳减排和率先实现现代化目标,从经济系统论角度出发,根据我国最新的区域间投入产出表和我国税收结构的现实特征,编制长三角多区域社会核算矩阵,构建出长三角多区域可计算一般均衡(MR-CGE)模型。在此基础上,本章模拟分析增值税、营业税、消费税、碳税等相关税收制度改革对长三角碳解锁的影响效应,从而为长三角乃至全国实现低碳发展提供政策决策参考。

6.1 长三角多区域社会核算矩阵(SAM)构建

社会核算矩阵(SAM)表起源于国民核算账户体系,由于国民核算账户通常偏重于对国民经济总量及其增长的核算,因此缺乏国民收入的流向、分配等方面的数据。SAM 表通过对生产活动、生产要素和社会经济主体行为的分解与分类,将所有的经济交易活动(包括生产、分配、税收、消费、储蓄、投资)连接成整体,清晰地展示了经济活动中生产、要素分配、经济主体收入和消费之间的循环关系;描述企业增加值在各生产要素和各经济参与主体中(居民、政府、国外)的分配;说明政府如何运用转移支付手段进行社会再分配;描述进口商品如何进入国内消费市场,以及国内产品如何用于出口并分配给国外;阐述消费以外的收入如何进入储蓄领域,并转化为投资用于经济社会的扩大再生产。总之,SAM 表是将经济社会循环过程运用数字的方式重现,准确描绘经济社会中的各种收支平衡关系。

6.1.1 SAM 表的基本结构

SAM 表的结构可以看作一个方阵,它根据复式记账的原则,将各账户的收支情况进行记录。其中,行方向表示账户的收入,列方向表示账户的支出,同一账户行和列的数值合计额相等。一个开放经济体的 SAM 表账户通常包括以下几类：生产活动账户、商品账户、生产要素账户、机构账户、投资—储蓄账户和国外账户，开放经济体的 SAM 表的基本结构如表 6-1 所示。

表 6-1 开放经济体的宏观 SAM 表结构

	活动	商品	劳动	资本	居民	企业	政府	投资	存货	世界其他地区
活动		国内生产国内供给								出口
商品	中间投入				居民消费		政府消费	固定资本形成	存货增加	
劳动力	劳动报酬									
资本	资本收益									
居民			劳动报酬	资本收入		企业转移支付	政府转移支付			侨汇
企业				资本收益			政府转移支付			
政府	间接税	进口关税			个人所得说	企业直接税				国外投资收益
投资—储蓄					居民储蓄	企业储蓄	政府储蓄			国外净储蓄
存货								存货投资		
世界其他地区		进口		外资投资收益			对外援助			

SAM 表各账户的主要核算内容是：

“活动”账户主要对生产者的生产活动进行核算。“活动”与投入生产核算中的生产部门相对应，行方向表示通过生产活动获得的收入，收入来自于国内商品的供应和出口到国外所获得的收入，行的总和是生产活动的总产出；“活动”账户的列方向表示进行生产活动的投入，由“生产要素”中间投入、“要素”账户的要素投入(劳动力、资本)及“政府机构”的生产税组成，列的数额合计表示生产活动的总成本。

“商品”账户主要是对商品的来源和供应，按照市场价格进行统计和核算。“商品”账户的行方向表示国内各个机构的商品消费和使用情况，由中间投入、居民消费、政府消费和存贷增加构成。“商品”账户的列方向表示国内的总供给，核算的是国内市场上的商品供给来源，由对“活动”账户的购买、关税和进口商品构成。

“生产要素”账户对各要素的收入、支出或分配进行核算。“生产要素”账户的行方向表示要素（劳动力、资本）从生产活动中获得的要素报酬（初次分配），以及企业、政府、国外获得的转移支付（再分配）；“生产要素”账户的列方向表示要素收入在要素提供者和“机构”账户（居民、企业、政府）中的分配过程。

“机构”账户包括居民、企业和政府，研究者可以根据不同的研究重点和需求，对“机构”账户进行进一步划分，如“居民”账户可以细化为“农村居民”和“城镇居民”。“机构”账户主要是对经济活动中各机构的收入和支出情况进行描述，其列方向表明各机构对收入的收支情况。“机构”账户的行方向描述“机构”的收入来源，如要素收入或税收收入，行的总和是各机构的总收入；“机构”账户的列方向表示“机构”的支出情况，除转移支付外，将收入在税收、储蓄、消费之间进行分配，列的总和代表机构的总支出。

“投资—储蓄”账户对社会的总资本的来源和使用进行核算。“投资—储蓄”账户的行方向表示各机构的资本来自于储蓄，行的总和构成了经济活动中的总储蓄；列的总和描述的是社会总投资。

“国外”账户主要描述我国与其他国家或地区的状况，反映我国国际贸易和国际收支情况。“国外”账户的行方向表示各种商品的进口，列方向表示我国对外出口及从国外所获得的收益。

SAM 表的构建非常灵活，可以根据需要对 SAM 表进行细分和扩展，如“居民”账户可以根据研究重点和研究需求细分为“农村居民”和“城镇居民”，在此基础上可以根据研究需要进一步细分为“高收入阶层”“中高收入阶层”“中收入阶层”“中低收入阶层”和“低收入阶层”；“生产要素”账户也可以根据研究需求细分为“劳动力”“资本”“土地”“能源”“自然禀赋”等，在此基础上可以将“劳动力”进一步细分为“高级劳动力”“中级劳动力”和“低级劳动力”等；“企业”账户可以根据需要细分为“内资企业”和“外资企业”，而“内资企业”又可以再次细分为“国有企业”“民营企业”，“外资企业”可以再次细分为“日资企业”“美资企业”“欧资企业”等；“政府”账户可以根据研究对象的不同细分为“中央政府”和“地方政府”，等等。

6.1.2 SAM 表中的数据调平处理

在 SAM 表的编制过程中，需要对数据进行调整，这是因为表中数据来自于不同的统计年鉴或统计单位，来源不同容易造成数据的冲突，所以需要采取必要的处理方法进行数据调整。对 SAM 表的调整，需要依靠经验和确定方法来改进，剩余的误差需要依靠数值计算方法来消除，主要有以下方法：

(1) RAS 方法

RAS 由经济学家 Stone(1942)提出，又称为双边比例法(Biproportional Method)。RAS 主要用来修正 I－O 表中的直接消耗系数，后被应用于矩阵平衡处理。RAS 的基本原理是在新矩阵行与列和均已知时，通过行和列的乘数，分别左乘和右乘初始矩阵，从而生成具有相同维度的新矩阵，然后根据新矩阵行和列和与原始矩阵行和列和之比，分别形成新的行和列乘数，并将其再分别左乘和右乘该新矩阵，通过循环往复此过程，直到新矩阵行和列和的误差消除或足够小为止。

RAS 方法简单直观的优点，使之应用无需复杂求解软件，利用 EXCEL 求解就可解决问题，但其缺点主要在于计算结果尚缺乏经济学理论支持与相关阐释，并且准确的矩阵元素值在迭代过程中只能被动调整。

(2) 交叉熵(Cross Entropy, CE)方法

CE 由 Shannon(1948)提出，泰尔(Theil，1967)将 Shannon 的熵概念嫁接到经济学中，ShermanRobinson et al.(1988)将 CE 用于 SAM 表调平，并逐渐得到认可。CE 的核心思想是将新增信息嵌入 SAM 表，使调平后的 SAM 表与原 SAM 表间差异最小。同时，这种差异可通过 Kullback-Leibler 提出的 Cross-Entropy 距离进行衡量。

CE 可用于确定型和随机型两种模式的具体处理。确定型是指利用新信息对原始 SAM 表加以更新；随机型是指利用测量误差(measurement error)对不平衡的原始 SAM 表进行调整。McDougal(1999)通过相关研究表明，列系数交叉熵的加权和最大化与 RAS 方法在本质上具有等价效果，其权重就是行(列)的合计值。因此，RAS 可被看作是 CE 的特例，只是对行和列系数进行了对称处理。

6.1.3 长三角区域社会核算矩阵(SAM)表

(见下页)

表 6－2　长三角区域 CGE 模型的宏观 SAM 表

	活动	商品	劳动	资本	居民(上海)	居民(江苏)	居民(浙江)	居民(安徽)	企业(上海)	企业(江苏)	企业(浙江)	企业(安徽)	政府(上海)	政府(江苏)	政府(浙江)	政府(安徽)	增值税	营业税	间接税	其他间接税	关税	投资/储蓄	库存变化	国内其他地区	国外	汇总
活动		17 06 5 554																						3 72 7 897	4 145 757	24 93 9 207
商品	16 41 9 195				411 075	870 993	660 344	371 744	0	0	0	0	172 959	499 803	361 743	**4 882**						3 950 659	**(695 122)**			23 02 8 275
要素(劳动、资本)	3 514 379																									3 514 379
	3 663 979																									3 663 979
居民(上海)			573 257	72 034					74 735				36 200													756 226
居民(江苏)			151 6 010	191 087						198 253				36 400												194 1 750
居民(浙江)			932 770	132 187							137 144				20 600											122 2 701
居民(安徽)			492 342	44 369								46 033				23 400										606 145
企业(上海)				498 233																						498 233
企业(江苏)				132 1 688																						132 1 688

续表

	活动	商品	劳动	资本	居民(上海)	居民(江苏)	居民(浙江)	居民(安徽)	企业(上海)	企业(江苏)	企业(浙江)	企业(安徽)	政府(上海)	政府(江苏)	政府(浙江)	政府(安徽)	增值税	营业税	间接税	其他间接税	关税	投资/储蓄	库存变化	国内其他地区	国外	汇总
企业(浙江)				914 295																						914 295
企业(安徽)				306 887																						306 887
政府(上海)					26 000				59 788								94 360	58 960	29 774	91 624	50 535					411 041
政府(江苏)						18 000				158 603							209 528	95 100	35 766	209 919	124 483					851 399
政府(浙江)							15 000				109 715						117 999	92 991	20 605	139 855	55 058					551 223
政府(安徽)								3 000				36 826					55 469	22 780	12 215	54 710	15 783					200 782
增值税	477 356																									477 356
营业税	269 830																									269 830
消费税	98 360																									98 360

续表

	活动	商品	劳动	资本	居民(上海)	居民(江苏)	居民(浙江)	居民(安徽)	企业(上海)	企业(江苏)	企业(浙江)	企业(安徽)	政府(上海)	政府(江苏)	政府(浙江)	政府(安徽)	增值税	营业税	间接税	其他间接税	关税	投资/储蓄	库存变化	国内其他地区	国外	汇总
其他间接税	496 108																									496 108
关税		245 858																								245 858
储蓄					319 151	1 05 2 757	547 358	231 400	363 710	964 832	667 435	224 027	201 882	315 196	168 881	**172 500**								(427 365)	(1 54 6 227)	3 25 5 537
库存变化																						**(695 122)**				(695 122)
国内其他地区		3 300 532																								3 30 0 532
国外		2 416 331		183 199																						2 59 9 530
汇总	24 93 9 207	23 02 8 275	3 51 4 379	3 66 3 979	756 226	1 94 1 750	1 22 2 701	606 145	498 233	1 32 1 688	914 295	306 887	411 041	851 399	551 223	200 782	477 356	269 830	98 360	496 108	245 858	3 25 5 537	(695 122)	3 30 0 532	2 599 530	

6.2 长三角多区域CGE模型构建

6.2.1 长三角CGE模型部门划分

目前,我国依照社会生产活动历史发展顺序对产业结构进行划分,将第一产业定义为产品直接取自自然界的部门,将第二产业定义为对初级产品进行再加工的部门,将第三产业定义为为生产和消费提供各种服务的部门。因此,我国的第一产业是农业(种植业、林业、牧业和渔业),第二产业是工业(采掘业、制造业、电力、煤气、水的生产和供应业)和建筑业,第三产业是指除第一产业与第二产业外的其他各业。但是,我国根据现实情况,将第三产业进一步划分为流通部门和服务部门两大部门,流通部门包括交通运输、仓储及邮电通信业,批发和零售业,以及餐饮业;服务部门又具体细分成为生产和生活服务的部门(如金融业、保险业、地质勘查业、水利管理业、房地产业、社会服务业、农林牧渔服务业、交通运输辅助业、综合服务业)、为提高科学文化水平和居民素质服务的部门(如教育、文化艺术及广播电影电视业,卫生、体育和社会福利业,科学研究业等),以及为社会公共需要服务的部门(如国家机关、政党机关和社会团体,以及军队、警察等)。

本章建立的长三角多区域CGE模型,根据2012年中国区域间投入产出表"基本流量表",将42个部门的基本流量表合并为21个部门,部门之间的对应关系如表6-3所示:

表6-3 长三角区域CGE模型部门划分表

<table>
<tr><th colspan="2">2010年区域间基本流量表部门分类</th><th colspan="2">长三角区域CGE模型部门分类</th></tr>
<tr><th>代码</th><th>部门</th><th>代码</th><th>部门</th></tr>
<tr><td>1</td><td>农林牧渔业</td><td>1</td><td>农林牧渔业</td></tr>
<tr><td>2</td><td>煤炭开采和洗选业</td><td rowspan="2">2</td><td rowspan="2">石化能源(煤炭、石油和天然气)开采业</td></tr>
<tr><td>3</td><td>石油和天然气开采业</td></tr>
<tr><td>4</td><td>金属矿采选业</td><td rowspan="2">3</td><td rowspan="2">其他开采业</td></tr>
<tr><td>5</td><td>非金属矿及其他矿采选业</td></tr>
<tr><td>6</td><td>食品制造及烟草加工业</td><td>4</td><td>食品制造及烟草加工业</td></tr>
</table>

续表

<table>
<tr><th colspan="2">2010 年区域间基本流量表部门分类</th><th colspan="2">长三角区域 CGE 模型部门分类</th></tr>
<tr><td>7</td><td>纺织业</td><td rowspan="2">5</td><td rowspan="2">纺织及其制品业</td></tr>
<tr><td>8</td><td>纺织服装鞋帽皮革羽绒及其制品业</td></tr>
<tr><td>9</td><td>木材加工及家具制造业</td><td rowspan="2">6</td><td rowspan="2">木材加工与造纸印刷业</td></tr>
<tr><td>10</td><td>造纸印刷及文教体育用品制造业</td></tr>
<tr><td>11</td><td>石油加工、炼焦及核燃料加工业</td><td>7</td><td>石油加工、炼焦及核燃料加工业</td></tr>
<tr><td>12</td><td>化学工业</td><td>8</td><td>化学工业</td></tr>
<tr><td>13</td><td>非金属矿物制品业</td><td rowspan="3">9</td><td rowspan="3">金属和非金属制品业</td></tr>
<tr><td>14</td><td>金属冶炼及压延加工业</td></tr>
<tr><td>15</td><td>金属制品业</td></tr>
<tr><td>16</td><td>通用、专用设备制造业</td><td>10</td><td>通用、专用设备制造业</td></tr>
<tr><td>17</td><td>交通运输设备制造业</td><td>11</td><td>交通运输设备制造业</td></tr>
<tr><td>18</td><td>电气机械及器材制造业</td><td>12</td><td>电气机械及器材制造业</td></tr>
<tr><td>19</td><td>通信设备、计算机及其他电子设备制造业</td><td>13</td><td>通信设备、计算机及其他电子设备制造业</td></tr>
<tr><td>20</td><td>仪器仪表及文化办公用机械制造业</td><td>14</td><td>仪器仪表及文化办公用机械制造业</td></tr>
<tr><td>21</td><td>工艺品及其他制造业</td><td rowspan="2">15</td><td rowspan="2">其他制造业</td></tr>
<tr><td>22</td><td>废品废料</td></tr>
<tr><td>23</td><td>电力、热力的生产和供应业</td><td>16</td><td>电力、热力的生产和供应业</td></tr>
<tr><td>24</td><td>燃气生产和供应业</td><td>17</td><td>燃气生产和供应业</td></tr>
<tr><td>26</td><td>建筑业</td><td>18</td><td>建筑业</td></tr>
<tr><td>27</td><td>交通运输及仓储业</td><td rowspan="3">19</td><td rowspan="3">交通运输与邮政业</td></tr>
<tr><td>28</td><td>邮政业</td></tr>
<tr><td>29</td><td>信息传输、计算机服务和软件业</td></tr>
<tr><td>30</td><td>批发零售业</td><td>20</td><td>批发零售业</td></tr>
<tr><td>31</td><td>住宿和餐饮业</td><td rowspan="5">21</td><td rowspan="5">其他服务业</td></tr>
<tr><td>32</td><td>金融业</td></tr>
<tr><td>33</td><td>房地产业</td></tr>
<tr><td>34</td><td>租赁和商务服务业</td></tr>
<tr><td>25</td><td>水的生产和供应业</td></tr>
</table>

续表

2010 年区域间基本流量表部门分类		长三角区域 CGE 模型部门分类	
35	研究与试验发展业		
36	综合技术服务业		
37	水利、环境和公共设施管理业		
38	居民服务和其他服务业		
39	教育		
40	卫生、社会保障和社会福利业		
41	文化、体育和娱乐业		
42	公共管理和社会组织		

6.2.2 长三角 CGE 模型的模块构成

为了分析长三角多区域经济、能源与环境领域的重大现实问题及相关政策，本章建立了一个关于长三角多区域的 CGE 模型（MR-DCGE）。该模型借鉴了 Dervis 等（1982）、PRCGEM 模型及 Jung 和 Thorbecke（2003）的建模思路，主要包括七大模块：生产模块、收入和需求模块、价格模块、国际贸易模块、均衡闭合模块、环境模块。

（1） 生产模块

模型假设生产部门只有一个竞争性企业，且每家企业仅生产一种产品。运用五层 CES 函数描述生产行为，包括劳动力和资本两种生产要素，市场结构假定为完全竞争，每个部门的产出水平由市场均衡条件决定。在所有部门中，生产技术都呈现规模报酬不变的特性，并按照成本最小化的原则进行生产决策，生成过程采用多层嵌套的常替代弹性（CES）生产函数及 Leontief 生产函数描述，生产结构如下所示：

① 第一层 CES 生产组合函数（中间投入与劳动—资本投入的合成）

$$\min PKEL_i \cdot KEL_i + PND_i \cdot ND_i$$

$$s.t.\ QX_i = (\beta_{keli} KL_i^{\rho_i^q} + \beta_{ndi} ND_i^{\rho_i^q})^{\frac{1}{\rho_i^q}}$$

解得

$$KL_i = (\beta_{keli})^{\frac{1}{1-\rho_i^q}} \left(\frac{PQ_i}{PKL_i}\right)^{\frac{1}{1-\rho_i^q}} QX_i \qquad (6-1)$$

$$ND_i = (\beta_{inmpi})^{\frac{1}{1-\rho_i^q}} \left(\frac{PQ_i}{PND_i}\right)^{\frac{1}{1-\rho_i^q}} QX_i \tag{6-2}$$

$$QX_i = (\beta_{keli} KL_i^{\rho_i^q} + \beta_{inmpi} ND_i^{\rho_i^q})^{\frac{1}{\rho_i^q}} \tag{6-3}$$

其中，$\sigma_i^q = \dfrac{1}{1-\rho_i^q}$，$\sigma_i^q$ 为中间投入与劳动一资本投入之间的替代弹性系数。

② 中间投入函数

$$UND_{j,i} = a_{j,i} \cdot ND_i \quad j = 1、2\cdots 21 \tag{6-4}$$

$$PND_i = \sum_j a_{j,i} \cdot PQ_j \quad j = 1, 2\cdots 21 \tag{6-5}$$

其中，中间投入 $j=1, 2\cdots 21$，中间投入价格为产品的国内需求合成价格。

③ 第二层 CES 生产组合函数（资本投入与劳动投入的合成）

$$\min PK_i \cdot K + (W \cdot wdist_i) \cdot L_i$$

$$s.t.\ KL_i = \lambda_i^{kl} (\beta_{ki} K_i^{\rho_i^{kl}} + \beta_{li} \cdot L_i^{\rho_i^{kl}})^{\frac{1}{\rho_i^{kl}}}$$

解得

$$K_i = \left(\frac{(\lambda_i^{kl})^{\rho_i^{kl}} \cdot \beta_{ki} \cdot PKL_i}{PK_i}\right)^{\frac{1}{1-\rho_i^{kl}}} KL_i \tag{6-6}$$

$$L_i = \left(\frac{(\lambda_i^{kl})^{\rho_i^{kl}} \cdot \beta_{li} \cdot PKL_i}{W \cdot wdist_i}\right)^{\frac{1}{1-\rho_i^{kl}}} KL_i \tag{6-7}$$

$$KL_i = \lambda_i^{kl} (\beta_{ki} K_i^{\rho_i^{kl}} + \beta_{li} \cdot L_i^{\rho_i^{kl}})^{\frac{1}{\rho_i^{kl}}} \tag{6-8}$$

其中，$\sigma_i^{kl} = \dfrac{1}{1-\rho_i^{kl}}$，$\sigma_i^{kl}$ 为资本—能源合成与劳动之间的替代弹性系数。λ_i^{kl} 为生产模块所涉函数中的相关变量定义与参数说明，如表 6－4 所示：

表 6－4　生产模块函数变量与参数说明

生产模块函数内生变量说明（40 组）/方程（37 组）			
序号	变量	变量定义	变量个数
1	QX_i	部门 i 的产出量	n

续表

生产模块函数内生变量说明(40 组)/方程(37 组)			
序号	变量	变量定义	变量个数
2	PX_i	部门 i 的不含间接税的价格	n
3	ND_i	部门 i 的中间投入量	n
4	PND_i	部门 i 中间投入的合成价格	j
5	$UND_{j,i}$	生产 1 单位 i 部门产出需要 j 部门的投入量	$j \times n$
6	KL_i	部门 i 的资本—劳动投入合成量	n
7	PKL_i	部门 i 的资本—劳动投入合成价格	n
8	L_i	部门 i 的劳动投入量	n
9	WL	劳动投入的平均工资	1
	WK_i	部门 i 的资本价格	n
10	K_i	部门 i 的资本投入合成量	n
11	PK_i	部门 i 的资本投入合成价格	n
13	R	资本投入的平均收益	1
14	E_i	部门 i 的能源投入量	n
15	PE_i	部门 i 的能源投入价格	n

生产模块函数参数说明		
序号	参数	参数定义
1	β_{kli}	部门 i 的资本—劳动合成的份额参数
2	β_{inmpi}	部门 i 的中间投入的份额参数
3	σ_i^q	部门 i 的资本—劳动合成投入与中间投入之间的替代弹性
4	ρ_i^q	部门 i 的资本—劳动合成投入与中间投入之间的替代弹性相关系数
5	$a_{j,i}$	部门 i 的中间投入的直接消耗系数
6	β_{keli}	部门 i 的资本—劳动合成投入中资本—能源投入的份额参数
7	β_{li}	部门 i 的资本—劳动合成投入中劳动投入的份额参数
8	σ_i^{kl}	部门 i 的资本投入与劳动投入之间的替代弹性
9	ρ_i^{kl}	部门 i 的资本投入与劳动投入之间的替代弹性相关系数
10	β_{ki}	部门 i 的资本合成投入中资本投入的份额参数
12	σ_i^k	部门 i 的资本投入之间的替代弹性
13	ρ_i^k	部门 i 的资本投入之间的替代弹性相关系数

(2) 贸易模块

本章模型中，贸易模块的国内产品分配采用CET函数形式，国内产品需求采用“阿明顿(Armington)假设”条件。

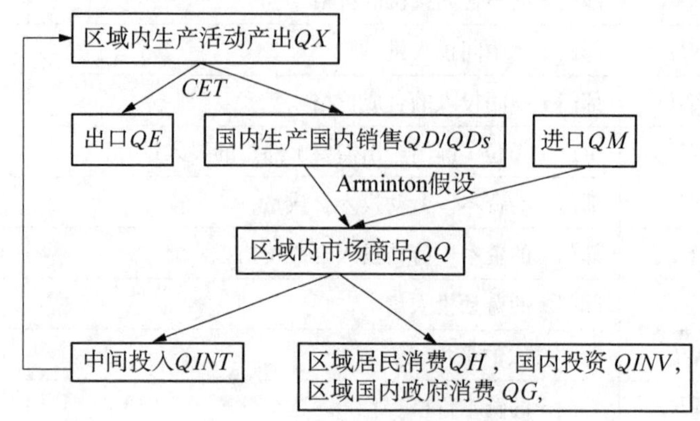

图6-1 国内产品分配与需求

① 进口产品价格

$$PM_i = PWM_i \cdot EXR \tag{6-9}$$

② 出口产品的价格

$$PE_i = PWE_i \cdot EXR \tag{6-10}$$

③ 国内产品需求函数(Armington 假设)

$$\max_{QQ_i, QD_i, QM_i} PQ_i \cdot QQ_i - [PD_i \cdot QD_i + (1 + t_{mi})PM_i \cdot QM_i]$$

$$s.t.\ QQ_i = \gamma_{mi}[\delta d_i (QD_i)^{\rho_{mi}} + \delta m_i (QM_i)^{\rho_{mi}}]^{\frac{1}{\rho_{mi}}}$$

解得

$$QD_i = \left(\frac{\gamma_{mi}^{\rho_{mo}} \cdot \delta d_i \cdot PQ_i}{PD_i}\right)^{\frac{1}{1-\rho_{mi}}} QQ_i \tag{6-11}$$

$$QM_i = \left(\frac{\gamma_{mi}^{\rho_{mi}} \cdot \delta m_i \cdot PQ_i}{(1 + t_{mi}) \cdot PM_i}\right)^{\frac{1}{1-\rho_{mi}}} QQ_i \tag{6-12}$$

$$QQ_i = \gamma_{mi}[\delta d_i (QD_i)^{\rho_{mi}} + \delta m_i (QM_i)^{\rho_{mi}}]^{\frac{1}{\rho_{mi}}} \tag{6-13}$$

其中，$\rho_{mi} = \frac{\sigma_{mi} - 1}{\sigma_{mi}}$，$\sigma_{mi}$ 为国内需求的国内供给与进口之间的替代弹性系数。

④ 国内产品分配函数(CET 函数)

$$\max(PD_i \cdot QD_i + PE_i \cdot QE_i) - (1 + t_{indi}) \cdot PX_i \cdot QX_i$$

$$s.t.\ QX_i = \gamma_{ei}(\xi d_i \cdot QD_i^{\rho_{ei}} + \xi e_i \cdot QE_i^{\rho_{ei}})^{\frac{1}{\rho_{ei}}}$$

解得

$$QD_i = \left(\frac{\gamma_{ei}^{\rho_{ei}} \cdot \xi d_i \cdot (1 + t_{indi}) \cdot PX_i}{PD_i}\right)^{\frac{1}{1-\rho_{ei}}} QX_i \qquad (6-14)$$

$$QE_i = \left(\frac{\gamma_{ei}^{\rho_{ei}} \cdot \xi e_i \cdot (1 + t_{indi}) \cdot PX_i}{PE_i}\right)^{\frac{1}{1-\rho_{ei}}} QX_i \qquad (6-15)$$

$$QX_i = \gamma_{ei}(\xi d_i \cdot QD_{si}^{\rho_{ei}} + \xi e_i \cdot QE_i^{\rho_{ei}})^{\frac{1}{\rho_{ei}}} \qquad (6-16)$$

其中,$\rho_{ei} = \frac{\sigma_{ei} + 1}{\sigma_{ei}}$,$\sigma_{ei}$ 为国内生产产品的国内需求与出口之间的替代弹性系数。贸易模块所涉函数中的相关变量定义与参数说明,如表 6-5 所示:

表 6-5 贸易模块函数变量与参数说明

贸易模块函数内生变量(9 组)/方程(8 组)			
序号	变量	变量定义	变量个数
1	PM_i	进口商品 i 的国内价格	n
2	PE_i	出口商品 i 的国内价格	n
3	EXR	汇率	1
4	PQ_i	商品 i 国内需求的价格	n
5	PD_i	商品 i 国内供给量的价格	n
6	QQ_i	商品 i 的国内需求量(国内销售与进口品的 CES 组合)	n
7	QD_i	商品 i 需求量的国内供给量	n
8	QM_i	商品 i 需求量的进口量	n
9	QE_i	商品 i 分配的出口量	n
贸易模块函数外生变量			
序号	变量	变量定义	变量个数
1	PEM_i	表示部门 i 进口商品的国际市场价格	n
2	PWE_i	表示部门 i 出口商品的国际市场价格	n

续表

贸易模块函数参数		
序号	参数	参数定义
1	t_{mi}	商品 i 的进口关税税率
2	γ_{mi}	Armington 方程商品 i 国内需求与进口需求的整体转移参数
3	δd_i	Armington 方程商品 i 国内需求量的份额参数
4	δm_i	Armington 方程商品 i 进口需求量的份额参数
5	γ_{ei}	CET 函数商品 i 国内供应与出口分配的整体转移参数
6	ξd_i	CET 函数产品 i 的国内供应商品的份额参数
7	ξe_i	CET 函数产品 i 出口供应的份额参数
8	ρ_{mi}	Armington 方程产品 i 进口商品与国内商品的替代弹性相关系数
9	ρ_{ei}	CET 函数部门 i 商品国内供应与出口的转换弹性相关系数
10	σ_{mi}	Armington 方程产品 i 进口商品与国内商品的替代弹性系数
11	σ_{ei}	CET 函数部门 i 商品国内供应与出口的转换弹性系数

（3）居民模块

一般来说，在 CGE 模型中，居民消费函数一般采用斯通—盖利(Stone-Geary)效用函数形式，但是该消费函数参数难以估计，在可见到的资料中，难以获得可以参考的参数，同时本章进行的是静态分析，因此在居民消费函数中采用简单线性函数形式。

① 居民收入模块函数

部门 i 的居民劳动收入

$$YL_i = W \cdot wdist \cdot L_i \tag{6-17}$$

总的劳动收入

$$TYL = \sum_i W \cdot wdist \cdot L_i \tag{6-18}$$

居民的资本收入

$$YHK = ratehk \cdot TYK \tag{6-19}$$

居民资本收入的比例系数等于居民资本收入除以总的资本收入。总的资本收入包括资本收益与折旧。

居民的国外收入

$$YHW = ratehw \cdot \sum_i PM_i \cdot QM_i \tag{6-20}$$

居民国外收入的比例系数等于居民的国外收入除以进口额。

居民的总收入

$$YHT = TYL + YHK + YEH + YHG + YHW \tag{6-21}$$

② 居民支出模块

居民储蓄

$$SH = sh \cdot YHT \tag{6-22}$$

居民消费支出

$$CH = (1 - sh) \cdot (1 - t_h) YHT \tag{6-23}$$

居民对产品 i 的消费

$$HD_i \cdot PQ_i = \theta_i \cdot PQ_i + \beta_i (CH - \sum_i \theta_i \cdot PQ_i) \tag{6-24}$$

表 6-6 居民模块函数变量与参数说明

居民模块函数内生变量(8 组)/方程(8 组)			
序号	变量	变量定义	变量个数
1	YL_i	部门 i 的居民劳动收入	n
2	TYL	总的劳动收入	1
3	YHK	居民的资本收入	1
4	YHW	居民的国外收入	1
5	YHT	居民的总收入	1
6	SH	居民储蓄	1
7	CH	居民消费支出	1
8	HD_i	居民对产品 i 的消费	n

居民模块函数参数			
序号	参数	参数定义	说明
1	$ratehk$	居民资本收入的比例	居民资本收入/总的资本收入(总的资本收入包括资本收益与折旧)
2	$ratehw$	居民国外收入的比例系数	居民的国外收入除以进口额
3	sh	居民储蓄比例系数	居民储蓄额除以居民的总收入
4	μ_{hi}	居民对产品 i 消费的比例系数	居民对产品 i 的消费量占总消费量的比例

(4) 企业模块

① 企业收入模块函数

部门 i 的资本收入

$$YK_i = R \cdot rdist \cdot K_i \tag{6-25}$$

总的资本收入

$$TYK = \sum_i R \cdot rdist \cdot K_i \tag{6-26}$$

国外资本投资收益

$$YWK = ratewk \cdot TYK \tag{6-27}$$

国外资本投资收益的比例系数等于国外资本投资收益除以总的资本收入。

企业的资本收入

$$YEK = (1 - ratehk - ratewk) \cdot TYK \tag{6-28}$$

② 企业支出模块函数

企业对居民的转移支付

$$YEH = ratehe \cdot YEK \tag{6-29}$$

企业储蓄

$$SE = (1 - ratehe) \cdot (1 - t_e) YEK \tag{6-30}$$

部门的存货

$$STO_i = sto_i \cdot QX_i \tag{6-31}$$

表 6-7　企业模块函数变量与参数说明

企业模块函数内生变量(7 组)/方程(7 组)			
序号	变量	变量定义	变量个数
1	YK_i	部门 i 的资本收入	n
2	TYK	总的资本收入	1
3	YWK	国外资本投资收益	1
4	YEK	企业的资本收入	1
5	YEH	企业对居民的转移支付	1
6	SE	企业储蓄	1
7	STO_i	部门 i 的存货	n

续表

企业模块函数参数			
序号	参数	参数定义	说民
1	$ratewk$	国外资本投资收益的比例系数	国外资本投资收益除以总的资本收入
2	$ratehe$	企业对居民转移支付的比例系数	企业对居民转移支付除以企业的资本收入
3	sto_i	部门 i 的存货比例系数	部门 i 的存货占部门产出的比例系数

(5) 政府模块

① 政府收入模块函数

部门 i 的间接税收入

$$GINDTAX_i = t_{indi} \cdot PX_i \cdot QX_i \tag{6-32}$$

产品 i 的进口关税收入

$$GTRIFM_i = t_{mi} \cdot PM_i \cdot QM_i \tag{6-33}$$

居民所得税

$$GHTAX = t_h \cdot YHT \tag{6-34}$$

企业所得税

$$GETAX = t_e \cdot YEK \tag{6-35}$$

政府的国外收入

$$GWY = rategw \cdot \sum_i PM_i \cdot QM_i \tag{6-36}$$

政府国外收入的比例系数等于政府的国外收入除以进口额。

政府总收入

$$YGT = \sum_i GINDTAX_i + \sum_i GTRIFM_i + GHTAX + GETAX + GWY \tag{6-37}$$

② 政府支出模块函数

政府对居民的转移支付

$$YHG = ratehg \cdot YGT \tag{6-38}$$

政府对国外的援助

$$YWG = ratewg \cdot YGT \tag{6-39}$$

政府储蓄

$$SG = sg \cdot YGT \tag{6-40}$$

政府对产品 i 的消费

$$GD_i = \mu_{gi}(1 - ratehg - ratewg - sg) \cdot YGT / PQ_i \tag{6-41}$$

表 6-8 政府模块函数变量与参数说明

政府模块函数内生变量(10 组)/方程(10 组)			
序号	变量	变量定义	变量个数
1	$GINDTAX_i$	部门 i 的间接税收入	n
2	$GTRIFM_i$	产品 i 的进口关税收入	n
3	$GHTAX$	居民所得税	1
4	$GETAX$	企业所得税	1
5	GWY	政府的国外收入	1
6	YGT	政府总收入	1
7	YHG	政府对居民的转移支付	1
8	YWG	政府对国外的援助	1
9	SG	政府储蓄	1
10	GD_i	政府对产品 i 的消费量	n
政府模块函数参数			
序号	参数	参数定义	说明
1	t_{indi}	部门 i 的间接税税率	部门 i 的间接税除以部门 i 的总产出。
2	t_h	居民所得税税率	居民所得税除以居民的总收入
3	t_e	企业所得税税率	企业所得税除以企业的资本收入
4	$rategw$	政府国外收入的比例系数	政府的国外收入除以进口额

续表

政府模块函数参数			
序号	参数	参数定义	说明
5	$rateh g$	政府对居民转移支付的比例系数	政府对居民的转移支付除以政府的总收入
6	$ratewg$	政府国外转移支付的比例系数	政府对国外的转移支付除以政府的总收入
7	sg	政府储蓄的比例系数	政府储蓄除以政府的总收入
8	μ_{gi}	政府对产品 i 消费的比例系数	政府对产品 i 的消费量占总消费量的比例

(6) 均衡模块

① 国际收支平衡

国际收支平衡选择“将国外储蓄作为外生变量,汇率内生”的闭合规则,意味着进出口贸易的变化可以改变汇率,进而影响整个经济。也可以选择汇率外生给定,而国外储蓄内生,以保持国际收支平衡的闭合规则。本章选择“汇率为内生变量,国外储蓄为外生变量”的闭合规则。

$$\sum_i PM_i \cdot QM_i + YWK + YWG = \sum_i PE_i \cdot QE_i + YHW + GWY + \overline{SF} \tag{6-42}$$

其中,$\overline{SF}$ 为国外储蓄,是外生变量。

② 储蓄投资均衡

总储蓄

$$TSAV = SE + SG + SH + \overline{SF} \tag{6-43}$$

总投资

$$TINV = TSAV - \sum_i STO_i \cdot PQ_i \tag{6-44}$$

部门投资

$$INV_i = inv_i \cdot TINV / PQ_i \tag{6-45}$$

储蓄投资均衡

$$TINV = TSAV + WALARAS \tag{6-46}$$

③ 产品市场均衡

总需求等于总供给

$$HD_i + GD_i + INV_i + STO_i + ND_i = QQ_i \tag{6-47}$$

④ 劳动力市场均衡

劳动力市场存在两种假设:一种假设认为,工资具有刚性,为外生变量,针对经济政策所造成的冲击,劳动力市场调整不充分,不一定实现充分就业。另一种假设认为,工资为内生变量,受到经济政策冲击后,经过工资的充分调整,可以实现劳动力市场的出清。本文选择第二种假设,假设相对工资为内生变量,劳动市场实现充分就业。

$$\sum_i L_i = \overline{L_s} \tag{6-48}$$

⑤ 资本市场均衡

资本市场与劳动力市场一样,也存在两种假设:一种假设认为,资本价格为外生变量,由于资本具有一定的专用性,难以实现部门间的调整,受到经济政策冲击时,无法实现资本在企业间的自由流动;另一种假设认为,资本价格为内生变量,受到经济政策冲击后,企业可以根据资本价格的变化来调整资本存量,实现资本的自由流动,最终达到资本充分利用的目的。

$$\sum_i K_i = \overline{K_s} \tag{6-49}$$

⑥ 名义 GDP 与实际 GDP

$$RGDP = \sum_i HD_i + \sum_i GD_i + \sum_i INV_i + \sum_i STO_i + \sum_i (QE_i - (1 + tm_i) QM_i) \tag{6-50}$$

$$GDP_i = r \cdot K_i + w \cdot L_i + t_{indi} \cdot PX_i \cdot QX_i \tag{6-51}$$

$$GDP = \sum_i GDP_i \tag{6-52}$$

$$PGDP = \frac{GDP}{RGDP} \tag{6-53}$$

表 6-9 均衡模块函数变量与参数说明

均衡模块函数内生变量(8 组)/方程(12 组)			
序号	变量	变量定义	变量个数
1	INV_i	部门投资	n
2	$TINV$	总投资	1
3	$TSAV$	总储蓄	1
4	$WALRAS$	瓦尔拉斯虚拟变量	1
5	$RGDP$	实际国内生产总值	1
6	GDP_i	部门 i 的名义国内生产总值	n
7	GDP	名义国内生产总值	1
8	$PGDP$	国内生产总值的价格指数	1
均衡模块函数外生变量			
序号	变量	变量定义	变量个数
1	$\overline{SF}$	国外储蓄	1
2	$\overline{K_s}$	资本的总供给	1
3	$\overline{L_s}$	劳动的总供给	1
均衡模块函数参数			
序号	参数	参数定义	说明
1	inv_i	部门 i 的投资比例系数	部门 i 的投资占总投资的比例
2	η_i	部门 i 的投资比例系数	

(7) 社会福利模块

分析公共政策对社会福利的影响有许多不同的福利指标函数,本章参考国外文献及国内文献,如宣晓伟(2002)、王灿(2003)、谭显东(2008)等论文,在 CGE 模型中衡量社会福利变化,运用比较普遍的是希克斯等价变动(Hichsian equivalent variation)。本章也通过希克斯等价变动,衡量实施外部政策冲击后对居民社会福利的影响。希克斯等价变动以政策实施前的商品价格为基础,测算居民在政策实施后的效用水平的变化情况(以支出的函数表示),其计算公式为:

$$EV = E(U^s,\ PQ^b) - E(U^b,\ PQ^b) = \sum_i PQ_i^b \cdot HD_i^s - \sum_i PQ_i^b \cdot HD_i^b \tag{6-54}$$

其中，

EV 代表居民福利的希克斯等价变动。

$E(U^s, PQ^b)$ 表示政策实施后的效用水平，以政策变动前的价格支出函数计算。

$E(U^b, PQ^b)$ 表示政策实施前的效用水平，以政策变动前的价格支出函数计算。

PQ_i^b 表示第 i 种商品在政策实施前的消费价格。

HD_i^b 表示第 i 种商品在政策实施前的居民消费数量。

HD_i^s 表示第 i 种商品在政策实施后的居民消费数量。

根据上述公式计算希克斯等价变动 EV，当 EV 为正时，说明居民福利在政策实施后得到了改善；反之，如果 EV 变动为负，那么说明政策的实施将损害居民福利。

(8) 环境污染模块

生产过程中，污染物的排放有两种计算方式：第一种方式是将每个部门的产出与固定的排放系数相乘即为该部门排放的污染物，将各部门排放的污染物相加即为该污染物的总和。第二种方式是将每个部门中间投入品的数量乘以中间投入品的某项污染物排放系数，即可得到该部门某项污染物的排放量；将各部门中间投入品的污染物排放量相加，即可得到该污染物排放总量。

OECD 的 Dessus 等人采用美国 1988 年 487 个部门的数据，应用计量模型估计出 13 种主要污染物对应的排放系数，其研究结果表明：

① 每种污染物的排放总量中，约有 90%可以单归因于投入品的使用。

② 能造成各种污染物的投入品仅是有限的十几种，大多数污染物对应的投入品不超过 5 种。

根据以上理由，本章主要考虑在生产过程中因化石能源(煤炭、石油、天然气)的消耗而生产的污染物，不考虑居民消费能源所生产的污染物。

$$QXO_{p,j} = \sum_{nele} \zeta_{p,nele} \chi_{nene} QXA_{nene,j} \tag{6-55}$$

$$TQXO_p = \sum_j QXO_{p,j} \tag{6-56}$$

部门生产过程中化石能源投入的 CO_2 排放量

$$CO_{2i} = \sum_j E_{i,j} \cdot \varepsilon_j \cdot \theta_j \cdot o_j \tag{6-57}$$

其中，$j = E_{petromi}$、$E_{petrorei}$、E_{nagasi}、E_{magasi}、E_{coalmi}、E_{recoi} 等化石能源的投入量；ε_j 为各类化石能源的 CO_2 排放系数；θ_j 为各类能源由价值型向实物型转换的转换因子；o_j 为各类能源的碳氧化率。

化石能源消费

$$EN_f = \sum_i \sum_j [(D_{bji} + M_{bji}) + (D_{Hj} + M_{Hj})] \tag{6-58}$$
$$(i = 1, \cdots, n;\ j = 1, \cdots, m - 1$$

清洁能源消费总量

$$EN_c = A_{ENc} EN_f \tag{6-59}$$

这里，我们简单地假定，清洁能源与化石能源成比例。其中，AENc 就是外生的清洁能源与化石能源的比值。根据研究需要，我们也可以考虑采用其他假定来描述清洁能源消费。

能源消费总量

$$EN = EN_c + EN_f \tag{6-60}$$

生产部门的碳排放

$$C_I = \sum_i \sum_j \delta_{ji} Z_{bji} (i = n - m + 1, \cdots, n;\ j = 1, \cdots, n) \tag{6-61}$$

居民消费碳排放

$$C_H = \sum_i \delta_{Hi} Z_{Hi} (i = n - m + 1, \cdots, n;\ j = 1, \cdots, n) \tag{6-62}$$

碳排放总量

$$C = C_I + C_H \tag{6-63}$$

能源强度

$$I_{EN} = EN / Z_{GDP} \tag{6-64}$$

碳排放强度

$$I = C / Z_{GDP} \tag{6-65}$$

6.3 长三角CGE模型参数的标定

6.3.1 替代弹性系数的标定

针对CGE模型中的众多参数，大部分可以通过“标定”的方法进行确定，但对生产函数和CET函数中的替代弹性系数需外生确定。在CES函数中，存在规模参数、份额参数和替代弹性参数。根据CES函数，可以推导两个等价方程，因此必须有一个参数需外生给定。由于替代弹性系数描述的是部门间的替代程度，部门间的替代程度比较容易理解，因此学者都选择将替代弹性系数外生给定；替代弹性系数的大小决定了各投入要素或产品之间相互替代的难易程度，替代弹性系数越大，意味着投入要素之间的调整越容易，企业需要付出的代价越少，外来冲击对整个经济系统造成的影响也就越小。

从理论上讲，各种替代弹性系数应使用经济计量方法估计，但在国内，由于缺乏相应的微观数据或数据样本太少，不足以得出稳健的估计结果，因此很难对所有的行业通过计量经济学的方法进行估计。本章在参考国内外文献，如Stern(1976)、Alaouze(1977)、Reinert(1977)、贺菊煌(2002)、王灿(2003)、宣晓伟(1998)、Willenbockel(2006)、Zhai et al. (2005)、郑玉歆(1999)、Zhang(2002)、周建军(2002)、郭正权(2009)等的基础上，经过反复甄别和检验，得出

我国21个部门的主要弹性系数，如下表6-10所示：

表6-10 行业弹性系数的外生赋值表

	σ_{qx}	σ_{kl}	σ_{k}	σ_{qq}	σ_{cet}
农林牧渔业	1.6	1.2	1.1	3.5	3.8
煤炭石油天然气开采业	1.4	1.2	1.1	3.5	2.9
金属矿采、非金属矿采及其他矿采业	1.4	1.2	1.1	3.5	2.9
食品制造及烟草加工业	1.4	1.2	1.1	3.5	2.9
纺织、服装鞋帽皮革羽绒及其制品业	1.4	1.2	1.1	3.5	2.9
木材加工及家具制造、造纸印刷及文教体育用品制造业	1.4	1.2	1.1	3.5	2.9

续表

	σ_{qx}	σ_{kl}	σ_{k}	σ_{qq}	σ_{cet}
化学工业	2.1	1.2	1.1	3.5	2.9
金属非金属制品业	2.1	1.2	1.1	3.5	2.9
通用、专用设备制造业	2.1	1.2	1.1	3.5	2.9
交通运输设备制造业	2.1	1.2	1.1	3.5	2.9
电气机械及器材制造业	2.1	1.2	1.1	3.5	2.9
通信设备、计算机及其他电子设备制造业	1.5	1.2	1.1	3.5	2.9
仪器仪表及文化办公用机械制造业	1.5	1.2	1.1	3.5	2.9
其他制造业	1.5	1.2	1.1	3.5	1.8
电力、热力的生产和供应业	1.5	1.2	1.1	3.5	1.8
燃气及水的生产与供应业	1.5	1.2	1.1	3.5	1.8
建筑业	1.5	1.2	1.1	3.5	1.8
交通运输及仓储业	1.5	1.2	1.1	3.5	2.3
批发零售业	1.5	1.2	1.1	3.5	2.3
其他服务业	1.5	1.2	1.1	3.5	2.3

6.3.2 份额参数与整体转移参数的标定

CGE模型中的生产函数、Armington函数、CET函数的份额参数、整体转移参数、替代弹性相关系数，一般由替代弹性、变量的基年数据标定出来，标定过程的具体推导公式如下：

根据

$$KL_i = \left(\frac{(\lambda_i^{qkl})^{-\rho_i^q} \cdot \beta_{kli} \cdot PQ_i}{PKL_i}\right)^{\frac{1}{1+\rho_i^q}} QX_i$$

$$ND_i = \left(\frac{(\lambda_i^{qkl})^{-\rho_i^q} \cdot \beta_{ndi} \cdot PQ_i}{PND_i}\right)^{\frac{1}{1+\rho_i^q}} QX_i$$

$$QX_i = \lambda_i^{qkl} (\beta_{kli} KEL_i^{-\rho_i^q} + \beta_{ndi} ND_i^{-\rho_i^q})^{-\frac{1}{\rho_i^q}}$$

解得

（1）资本一劳动投入与中间投入的份额参数

$$\beta_{kli}=(\lambda_i^{qkl})^{\frac{1+\rho_i^q}{\rho_i^q}}\left(\frac{KL_i}{QX_i}\right)^{1+\rho_i^q}\cdot\left(\frac{PQ_i}{PKL_i}\right)^{-1}$$

$$\beta_{ndi}=(\lambda_i^{qkl})^{\frac{1+\rho_i^q}{\rho_i^q}}\left(\frac{ND_i}{QX_i}\right)^{1+\rho_i^q}\cdot\left(\frac{PQ_i}{PND_i}\right)^{-1}$$

$$\lambda_i^{qkl}=QX_i/(\beta_{kli}KL_i^{-\rho_i^q}+\beta_{ndi}ND_i^{-\rho_i^q})^{-\frac{1}{\rho_i^q}}$$

因此，在弹性系数 ρ_i^q 已知的情况下，参数 λ_i^{qkl}、β_{kli} 和 β_{ndi} 可以通过SAM表的处值标定如下：

$$\lambda_i^{qkl}=QX0_i/(\beta_{kli}KL0_i^{-\rho_i^q}+\beta_{ndi}ND0_i^{-\rho_i^q})^{-\frac{1}{\rho_i^q}}$$

$$\beta_{kli}=(\lambda_i^{qkl})^{\frac{1+\rho_i^q}{\rho_i^q}}\left(\frac{KL0_i}{QX0_i}\right)^{1+\rho_i^q}\cdot\left(\frac{PQ0_i}{PKL0_i}\right)^{-1}$$

$$\beta_{ndi}=(\lambda_i^{qkel})^{\frac{1+\rho_i^q}{\rho_i^q}}\left(\frac{ND0_i}{QX0_i}\right)^{1+\rho_i^q}\cdot\left(\frac{PQ0_i}{PND0_i}\right)^{-1}$$

同理，其他层级生产函数的份额参数可得。

（2）资本投入与劳动投入的份额参数

$$\beta_{ki}=(\lambda_i^{kl})^{\frac{1-\rho_i^{kl}}{-\rho_i^{kl}}}\cdot\left(\frac{K0_i}{KL0_i}\right)^{1-\rho_i^{kl}}\cdot\left(\frac{PKL0_i}{PK0_i}\right)^{-1}$$

$$\beta_{li}=(\lambda_i^{kl})^{\frac{1-\rho_i^{kl}}{-\rho_i^{kl}}}\left(\frac{L0_i}{KL0_i}\right)^{1-\rho_i^{kl}}\cdot\left(\frac{PKL0_i}{W0\cdot wdist0_i}\right)^{-1}$$

$$\delta m_i=\frac{QM_{i0}^{1+\rho_{mi}}\cdot(1+t_{mi})\cdot PM_{i0}}{QD_{i0}^{1+\rho_{mi}}+QM_{i0}^{1+\rho_{mi}}\cdot(1+t_{mi})\cdot PM_{i0}}$$

$$\delta d_i=1-\delta m_i$$

$$\gamma_{mi}=\frac{QQ_{i0}}{[\delta d_i(QD_{i0})^{-\rho_{mi}}+\delta m_i(QM_{i0})^{-\rho_{mi}}]^{\frac{1}{-\rho_{mi}}}}$$

$$\beta_{ki}=\frac{K0_i^{1+\rho_i^{kel}}\cdot PK0_i}{W0\cdot wdist_i\cdot L0_i^{1+\rho_i^{kl}}+PK0_i\cdot K0_i^{1+\rho_i^{kl}}}$$

$$\beta_{li}=1-\beta_{ki}$$

$$\lambda_i^{kl}=\frac{KL0_i}{[\beta_{ki}\cdot K0_i^{-\rho_i^{kl}}+\beta_{li}\cdot L0_i^{-\rho_i^{kl}}]^{\frac{1}{-\rho_i^{kl}}}}$$

(3) 产品需求 Armington 函数的参数标定

根据方程

$$QD_i = \left(\frac{\gamma_{mi}^{\rho_{mo}} \cdot \delta d_i \cdot PQ_i}{PD_i}\right)^{\frac{1}{1-\rho_{mi}}} QQ_i$$

$$QM_i = \left(\frac{\gamma_{mi}^{\rho_{mi}} \cdot \delta m_i \cdot PQ_i}{(1+t_{mi}) \cdot PM_i}\right)^{\frac{1}{1-\rho_{mi}}} QQ_i$$

$$QQ_i = \gamma_{mi}[\delta d_i (QD_i)^{\rho_{mi}} + \delta m_i (QM_i)^{\rho_{mi}}]^{\frac{1}{\rho_{mi}}}$$

可以得到

$$\delta m_i = \frac{QM_{i0}^{1-\rho_{mi}} \cdot (1+t_{mi}) \cdot PM_{i0}}{QD_{i0}^{1-\rho_{mi}} + QM_{i0}^{1-\rho_{mi}} \cdot (1+t_{mi}) \cdot PM_{i0}}$$

$$\delta d_i = 1 - \delta m_i$$

$$\gamma_{mi} = \frac{QQ_{i0}}{[\delta d_i (QD_{i0})^{\rho_{mi}} + \delta m_i (QM_{i0})^{\rho_{mi}}]^{\frac{1}{\rho_{mi}}}}$$

(4) 国内产品分配 CET 函数的参数标定

$$QD_{si} = \left(\frac{\gamma_{ei}^{\rho_{ei}} \cdot \xi d_i \cdot (1+t_{iaddvi} + t_{bussi} + t_{conspi} + t_{othei}) \cdot PX_i}{PD_{si}}\right)^{\frac{1}{1-\rho_{ei}}} QX_i$$

$$QE_i = \left(\frac{\gamma_{ei}^{\rho_{ei}} \cdot \xi e_i \cdot (1+t_{addvi} + t_{bussi} + t_{conpi} + t_{othei}) \cdot PX_i}{PE_i}\right)^{\frac{1}{1-\rho_{ei}}} QX_i$$

$$QX_i = \gamma_{ei}(\xi d_i \cdot QD_{si}^{\rho_{ei}} + \xi e_i \cdot QE_i^{\rho_{ei}})^{\frac{1}{\rho_{ei}}}$$

由此得到

$$\xi e_i = \frac{PE_{i0} \cdot QE_{i0}^{1-\rho_{ei}}}{PD_{i0} \cdot QD_{si0}^{1-\rho_{ei}} + PE_{i0} \cdot QE_{i0}^{1-\rho_{ei}}}$$

$$\xi d_{ei} = 1 - \xi e_i$$

$$\gamma_{ei} = \frac{QX_{i0}}{(\xi d_i \cdot QD_{si0}^{\rho_{ei}} + \xi e_i \cdot QE_{i0}^{\rho_{ei}})^{\frac{1}{\rho_{ei}}}}$$

(5) 税收方程参数标定

部门 i 的增值税税率

$$t_{addvi} = GADDVTAX0_i / (PX0_i \cdot QX0_i)$$

部门 i 的营业税税率

$$t_{bussi} = GBUSSTAX0_i / (PX0_i \cdot QX0_i)$$

部门 i 的消费税税率

$$t_{iconspi} = GCONSPTAX0_i / (PX0_i \cdot QX0_i)$$

部门 i 的其他间接税税率

$$t_{othei} = GOTHETAX0_i / (PX0_i \cdot QX0_i)$$

产品 i 的进口关税税率

$$t_{mi} = GTRIFM0_i / (PM0_i \cdot QM0_i)$$

农村居民所得税税率

$$t_{hr} = GHRTAX0 / YHRT0$$

城镇居民所得税税率

$$t_{hu} = GHUTAX0 / YHUT0$$

企业所得税税率

$$t_e = GETAX0 / YEK0$$

6.3.3 居民消费函数的参数标定

在 CGE 模型中,居民消费函数一般采用斯通—盖利(Stone-Geary)效用函数形式。该函数需要标定的参数有不受价格影响的居民的最低基本需求 θ_i 与居民的边际消费倾向 β_i。根据 ELES 消费函数,可以推导出以下关系式:

$$\eta_i = \frac{\partial HD_i}{\partial YH} \cdot \frac{YH}{HD_i} = \frac{\beta_i}{PQ_i} \cdot \frac{YH}{HD_i} = \frac{\beta_i}{s_i}$$

其中,η_i 是居民需求的收入弹性,它是边际消费倾向 β_i 与消费份额 s_i 的比值。由此,可得居民的边际消费倾向是:

$$\beta_i = \eta_i \cdot s_i$$

居民消费需求的收入弹性 η_i 一般通过参考国内外相关文献来外生假定,消费份额可以根据 SAM 表中的居民实际消费需求获得,这样就可以求出居民的消费倾向 β_i。需要注意的是,居民的边际消费倾向必须满足约束条件 $\sum_i \beta_i = 1$,而由初始居民消费需求的收入弹性与其消费份额计算出来的消费倾向往往不能满足这一约束条件，因此通常采用加权的方法来处理，即 $\beta_i^* = \beta_i \Big/ \sum_i \beta_i$。其中，$\beta_i^*$ 表示调整后的边际消费倾向。

此外，关于居民的最低消费需求参数 θ_i 的确定，一般是根据间接方法。可以根据 ELES 消费函数推导出如下关系式：

$$\theta_i = HD_i + \frac{\beta_i}{PQ_i} \cdot \frac{YH}{\varphi}$$

其中，HD_i 为居民在第 i 种商品的消费额，PQ_i 为第 i 种商品的价格，YH 为居民的消费支出总额，φ 为 Frisch 参数①，该参数取为－3.5。

在 CGE 模型应用 ELES 消费函数时，由于居民消费结构及其个人所得、储蓄等数据均可从 SAM 表中获得，因此唯一需要确定的是消费需求的收入弹性系数 η_i 的值。本章参考国内外相关文献及国内历年居民消费结构数据，经过参数回归、系数甄别、敏感性检验后，得到各行业的消费弹性系数、农村和城镇居民最低消费量及其边际消费率等参数，数据如表 6－11 所示：

表 6－11　不同行业的消费收入弹性系数、农村和城镇最低消费量及其边际消费率

行业名称	弹性系数	农村居民最低消费（亿元）	城镇居民最低消费（亿元）	农村边际消费系数	城镇边际消费系数
农林牧渔业	0.5642	4534.2916	5214.2554	0.1113	0.0325
煤炭石油天然气开采业	0.9603	6109.2872	16340.7134	0.0000	0.0000
金属非金属矿采选业	0.5642	1108.0078	4638.6658	0.1500	0.1018
食品制造及烟草加工业	1.0128	142.5167	823.4022	0.0620	0.0637
纺织业	1.0485	0.0000	0.0000	0.0084	0.0119
木材加工、造纸印刷及文教体育用品制造业	0.9603	503.9657	1737.8046	0.0259	0.0220
石油加工、炼焦及核燃料加工业	0.9603	18.8365	190.1331	0.0010	0.0024
化学工业	0.9603	50.5233	276.7202	0.0026	0.0035

① Frisch(1959)给出了不同经济状况下 Frisch 系数的参考值：发达国家的 Frisch 参数一般取值－5；发展中国家的 Frisch 参数一般取值－3；低收入国家的 Frisch 参数一般取值－1.5。相关研究资料显示，当收入增加时，Frisch 参数的绝对值有减小的趋势。例如，当人均收入从 100 美元提高到 3000 美元时，Frisch 参数从 7.5 提高到－2.0；中国属于发展中国家，2010 年中国的人均 GDP 为 4682 美元，因此本章的 Frisch 参数取值为－3.5。

续表

行业名称	弹性系数	农村居民最低消费（亿元）	城镇居民最低消费（亿元）	农村边际消费系数	城镇边际消费系数
金属非金属制品业	0.9603	919.9707	4473.3265	0.0473	0.0567
通用、专用设备制造业	1.0485	611.2954	2745.8785	0.0362	0.0397
交通运输设备制造业	2.1305	12.7020	241.9117	0.0045	0.0161
电气机械及器材制造业	0.9603	0.0000	847.2282	0.0000	0.0107
通信设备、计算机及其他电子设备制造业	2.1305	128.1025	741.4703	0.0456	0.0493
仪器仪表及文化办公用机械制造业	1.1390	506.7696	2163.3229	0.0345	0.0357
其他制造业	1.1390	1389.9501	4384.9777	0.0946	0.0723
电力、热力的生产和供应业	1.1390	829.9544	3421.4127	0.0565	0.0564
燃气及水的生产与供应业	1.1390	575.4928	3055.9111	0.0392	0.0504
建筑业	1.1390	1702.2884	9044.7274	0.1158	0.1491
交通运输及仓储业	1.1390	10.2137	140.6759	0.0007	0.0023
批发零售业	1.1390	539.5383	3501.8154	0.0367	0.0577
其他服务业	1.1390	1438.1097	7823.4463	0.0979	0.1290

6.3.4 部门资本存量及资本收益扭曲系数

根据相关统计资料，部门的资本存量及其资本收益扭曲系数的计算结果如表 6－12 所示：

表 6－12 部门资本存量及资本收益扭曲系数

部　门	折旧率	资本折旧（亿元）	资本存量（亿元）	资本收益（亿元）	资本收益率（%）	资本扭曲系数
农林牧渔业	0.050	1892.42	37848.35	0.00	0.00	0.00
煤炭石油天然气开采业	0.065	475.15	7309.99	2120.66	29.01	3.14
金属非金属矿采选业	0.055	1282.71	23322.04	4122.62	17.68	1.92

续表

部门	折旧率	资本折旧（亿元）	资本存量（亿元）	资本收益（亿元）	资本收益率(%)	资本扭曲系数
食品制造及烟草加工业	0.055	1170.91	21289.21	2237.98	10.51	1.14
纺织业	0.055	995.89	18107.18	1849.05	10.21	1.11
木材加工、造纸印刷及文教体育用品制造业	0.055	2751.41	50025.65	5325.08	10.64	1.15
石油加工、炼焦及核燃料加工业	0.055	1207.59	21956.10	2784.64	12.68	1.37
化学工业	0.055	3709.45	67444.48	4948.34	7.34	0.80
金属非金属制品业	0.055	3535.62	64283.98	9642.84	15.00	1.63
通用、专用设备制造业	0.055	1812.69	32957.93	6457.70	19.59	2.12
交通运输设备制造业	0.055	304.87	5543.09	40.87	0.74	0.08
电气机械及器材制造业	0.055	1475.19	26821.60	5784.45	21.57	2.34
通信设备、计算机及其他电子设备制造业	0.052	3542.59	68126.70	6157.74	9.04	0.98
仪器仪表及文化办公用机械制造业	0.052	2194.99	42211.29	3744.94	8.87	0.96
其他制造业	0.052	1950.71	37513.61	11887.49	31.69	3.43
电力、热力的生产和供应业	0.052	1095.13	21060.28	1160.34	5.51	0.60
燃气及水的生产与供应业	0.020	491.91	24595.58	11272.58	45.83	4.97
建筑业	0.052	13000.65	250012.42	6305.40	2.52	0.27
交通运输及仓储业	0.052	602.65	11589.35	1404.09	12.12	1.31
批发零售业	0.052	724.21	13927.16	1440.06	10.34	1.12
其他服务业	0.052	4252.47	81778.18	1413.12	1.73	0.19

注：资本折旧率的估算主要参考了国内外相关文献；资本折旧为2010年合并投入产出表的固定资产折旧数据；资本收益为2010年合并投入产出表营业盈余数据；资本存量为部门固定资产折旧除以部门资本折旧率；资本收益率为部门营业盈余除以部门资本存量；资本收益扭曲系数为部门资本收益率除以全社会平均资本收益率。

6.3.5 部门劳动力数量及工资扭曲系数

根据相关统计资料，部门的劳动力数量及其工资收益扭曲系数的计算结果如表 6－13 所示：

表 6－13 部门劳动力数量及工资扭曲系数表

部 门	劳动报酬（亿元）	平均工资（元/年）	部门劳动力（万人）	工资扭曲系数
农林牧渔业	38562.83	16717	23068.03	0.4169
煤炭石油天然气开采业	1946.78	44196	440.49	1.1023
金属非金属矿采选业	4139.07	34021	1216.62	0.8485
食品制造及烟草加工业	5950.32	28918	2057.65	0.7212
纺织业	3095.91	29328	1055.62	0.7314
木材加工、造纸印刷及文教体育用品制造业	6428.33	32916	1952.95	0.8209
石油加工、炼焦及核燃料加工业	3108.50	31416	989.46	0.7835
化学工业	7189.84	30616	2348.39	0.7636
金属非金属制品业	12846.39	31716	4050.44	0.7910
通用、专用设备制造业	6241.53	33416	1867.83	0.8334
交通运输设备制造业	354.00	47309	74.83	1.1799
电气机械及器材制造业	15184.49	27529	5515.82	0.6866
通信设备、计算机及其他电子设备制造业	8137.30	40466	2010.90	1.0092
仪器仪表及文化办公用机械制造业	2273.32	64436	352.80	1.6071
其他制造业	8392.14	33635	2495.06	0.8389
电力、热力的生产和供应业	4885.28	23382	2089.33	0.5832
燃气及水的生产与供应业	6660.98	70146	949.59	1.7495
建筑业	6624.02	37320	1774.92	0.9308
交通运输及仓储业	3178.58	56376	563.82	1.4060
批发零售业	5047.28	25544	1975.92	0.6371
其他服务业	30624.18	38968	7858.80	0.9719

6.3.6 CO_2 排放系数

相关的数据来源与处理过程包含以下部分：(1)考虑的化石能源类型包含原煤、焦炭、原油、炼油、天然气、煤气等 6 个部门；(2)平均低位发热量数据来自 2010 年的《中国能源统计年鉴》；(3)各部门每类能源消费量按照其部门投入占每类能源总产出的比例来分摊；(4)剔除用于炼油的原油量；(5)剔除用于炼焦、煤气的原煤；(6)不同类型的能源排放因子来自 IPCC 报告(2006 年的《国家温室气体排放清单指南》)；(7)CO_2 排放的核算方法主要是对各部门能源使用引起的排放进行核算，排放责任分配规则是哪个部门使用了能源，引起了排放，那么这部分排放就属于该部门。

表 6－14　石化能源的相关碳排放系数表

项目	原煤	焦炭	原油	石油加工品	天然气	煤气
缺省碳含量(kg/GJ)	26.8	29.2	20.0	19.51	15.3	12.1
氧化率	0.90	0.90	0.98	0.98	0.99	0.99
转换因子(GJ/单位万元价值)	533.2348	63.9523	27.7019	77.9790	164.9295	239.3350

注：石油加工品的缺省碳含量为汽油、煤油、柴油、燃料油、液化石油气、炼厂干气、其他石油制品等的加权平均值。

7　基于 CGE 模型的税收政策碳解锁联动效应模拟

财政税收制度是政府常用的重要调控手段之一，政府可以通过税收手段，直接或间接地调整经济结构、产业结构和经济增长，从而达到调整和控制该区域碳排放的规模与碳排放强度的目标。目前，在我国税收体系中，间接税主要包括增值税、营业税、消费税及其他间接税，因此本章将分别通过调整企业间接税税率，模拟分析间接税税率调整对区域的宏观经济、社会发展、碳排放等诸多变量的影响。在全面“营改增”之后，增值税成为我国财税收入的主要来源之一。2016 年，增值税在国家财政税总收入中的占比最大。因此，本章运用上一章所构建的 CGE 模型，模拟分析增值税、营业税、消费税、碳税等税收政策改革对长三角地区的碳解锁效应。

7.1　增值税税率变化的碳解锁联动效应模拟

7.1.1　增值税税率变化的区域联动效应模拟

假设在长三角区域内增加企业增值税税率，将现有增值税税率增加 5%，即 rvat(i)＝1.05 * rvat0(i)，rvat0(i)为行业原增值税税率，rvat(i)为变动后的行业增值税税率，其他条件不变，模拟增值税税率改革对长三角区域(上海、江苏、浙江、安徽)生产总值、产业结构、居民收入和居民消费、政府收入和政府消费、进出口、社会福利、CO_2 排放等宏观经济变量的影响，模拟结果如表 7－1 所示。

表7-1 增值税税率变化的地区联动效应模拟结果

	变量名称	增长率（%）		变量名称	增长率（%）
全国	实际GDP	-0.0392	全国	第二产业增加值	-0.0170
	名义GDP	0.1770		第三产业增加值	0.3011
	GDP平减指数	0.2163		CO_2排放总量	0.4776
	第一产业增加值	1.2761		CO_2排放强度	0.3000
上海	地区实际GDP	0.4343	浙江	地区实际GDP	-0.3808
	地区名义GDP	0.4088		地区名义GDP	-0.0945
	地区GDP平减指数	-0.0254		地区GDP平减指数	0.2874
	固定资产总投资	-0.1879		固定资产总投资	-0.3732
	进口	-1.3137		进口	-0.8108
	出口	-0.0150		出口	-0.9152
	省内调入	-0.1622		省内调入	-0.4335
	省内调出	-0.2027		省内调出	-0.7395
	居民名义总收入	0.1063		居民名义总收入	-0.2734
	居民总储蓄	0.1063		居民总储蓄	-0.2734
	增值税	3.6624		增值税	4.0988
	营业税	1.3574		营业税	0.1460
	消费税	1.4339		消费税	0.8240
	其他间接税	-0.0609		其他间接税	-0.1339
	关税	-0.9396		关税	-0.3725
	居民个人所得税	0.1063		居民个人所得税	-0.2734
	企业所得税	-0.1950		企业所得税	-0.3473
	政府总收入	0.9886		政府总收入	0.8154
	地区CO_2排放总量	1.9949		地区CO_2排放总量	0.0300
	地区CO_2排放强度	1.5797		地区CO_2排放强度	0.1246
江苏	地区实际GDP	-0.3267	安徽	地区实际GDP	1.1487
	地区名义GDP	-0.0231		地区名义GDP	1.2189
	地区GDP平减指数	0.3046		地区GDP平减指数	0.0694
	固定资产总投资	-0.3778		固定资产总投资	-0.2702
	进口	-0.6453		进口	-0.2039
	出口	-0.4585		出口	-0.2479

续表

	变量名称	增长率(%)		变量名称	增长率(%)
	省内调入	-0.2306		省内调入	0.2405
	省内调出	-0.6612		省内调出	1.8268
	居民名义总收入	-0.2513		居民名义总收入	1.1545
	居民总储蓄	-0.2513		居民总储蓄	1.1545
	增值税	4.2005		增值税	4.9437
	营业税	0.2868		营业税	1.2488
	消费税	-0.4798		消费税	3.5886
	其他间接税	-0.0659		其他间接税	0.7519
	关税	-0.1959		关税	0.1928
	居民个人所得税	-0.2513		居民个人所得税	1.1545
	企业所得税	-0.5037		企业所得税	-0.2164
	政府总收入	0.9591		政府总收入	1.9273
	地区 CO_2 排放总量	-0.3290		地区 CO_2 排放总量	0.8827
	地区 CO_2 排放强度	-0.3060		地区 CO_2 排放强度	-0.3321
全国社会福利总水平变动量(VALUE 值)：-2325.86					

表 7-1 显示，在长三角区域内增加企业增值税税率，将现有增值税税率增加 5%，其他条件不变的假设条件下，我国名义实际 GDP 增加 0.18 个百分点，而实际 GDP 将略微减少 0.04 个百分点，说明该政策虽然不利于我国的经济增长，但是影响甚微，几乎可以忽略不计；从产业来看，第一产业和第三产业增加值分别增加 1.3 个百分点与 0.3 个百分点，而第二产业增加值减少 0.02 个百分点，说明该政策虽然不利于第二产业的发展，但是却有利于第一产业和第三产业的发展，从而使得第二产业比重降低，第一产业和第三产业比重增加，而第一产业和第三产业是吸纳我国就业的主要部门，因此该政策总体有利于我国的产业结构优化，有利于解决我国的就业问题；另外，在该政策作用下，CO_2 排放总量及 CO_2 排放强度均有所上升，说明该政策不利于我国的节能减排。另外，GDP 平减指数上升 0.22%，由于该政策增加了企业生产成本，从而使得产品的销售价格上升，最终使得总体价格水平有所增加，这说明该政策不利于减缓和抑制我国通货膨胀压力。

分区域来看，上海、江苏、浙江、安徽的实际GDP增速分别变动0.43个百分点、−0.33个百分点、−0.38个百分点和1.15个百分点，说明该政策有利于上海和安徽的经济增长，而不利于浙江和江苏的经济增长。原因在于，该政策增加了企业的生产成本，尤其是中低端制造业的生产成本，使得上海和安徽的产业优势相对于浙江和江苏而言有所增强，进而使得区域内的劳动力与资金向上海和安徽流动及转移，造成区域经济增长趋势分化。

从贸易上看，在该政策作用下，长三角区域（上海、江苏、浙江、安徽）出口分别下降0.02个百分点、0.46个百分点、0.92个百分点和0.25个百分点，说明该政策不利于长三角区域的出口贸易增长。原因在于，由于企业增值税税率增加，使得企业生产成本上升，从而使得企业产品价格上涨，进而降低了企业产品价格的国际竞争力，造成出口减少。相对而言，该政策更加不利于江苏的出口贸易，也说明江苏的出口产品价格对生产成本变动较为敏感，或者可以理解为江苏生产企业的利润空间相对较少。

从居民收入上看，长三角区域（上海、浙江、江苏、安徽）的居民名义收入分别变动0.11个百分点、−0.25个百分点、−0.27个百分点和1.15个百分点，但GDP平减指数上升0.22个百分点。这意味着，上海、江苏和浙江的居民实际收入变动率为负值，仅有安徽的居民实际收入变动为正，这与安徽的产业结构及其需求弹性有关。另外，在该政策作用下，上海、江苏、浙江与安徽的地方政府总收入分别增加了0.99个百分点、0.96个百分点、0.82个百分点和1.93个百分点，说明该政策使得地方政府收入有所增加；值得注意的是，上海、江苏、浙江与安徽的企业所得税均有所下降，分别减少0.19个百分点、0.50个百分点、0.35个百分点和0.22个百分点。由于企业总利润决定企业所得税，所得税减少代表企业总利润下降，说明该政策增加了企业实际负担，使得企业总利润下降，这对长三角区域的经济转型、结构调整、产业升级均会产生不利影响，从而影响长三角区域经济的长远发展。该政策下，全国社会总福利减少2325.8亿元，说明该政策总体不利于提高我国的社会总福利水平。

最后，着重分析不同增值税条件下，长三角区域（上海、浙江、江苏、安徽）CO_2排放规模及排放强度变化情形，结果如图7-1所示。

图7-1表明，随着增值税税率的增加，上海的CO_2排放总量和排放强度均呈现不断上升的发展态势，但边际变化量逐渐减少，这一方面说明，增加企业增值税税率会使得企业的劳动力成本和资本成本相对上升，而中间投入（包含石化能源）成本相对下降，又因为模型假设中间投入与要素（劳动力和资金）投入存在替代效应，所以企业选择减少要素投入而增加中

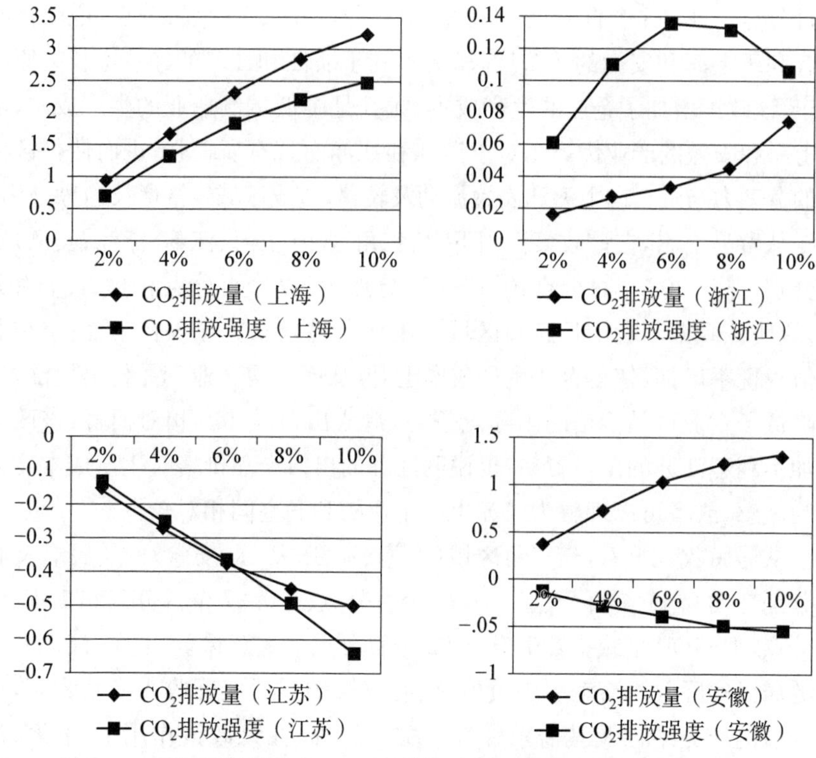

图 7－1　不同增值税条件下不同区域 CO_2 排放量及排放强度变化趋势

间投入，使得石化能源投入不断增加，进而导致 CO_2 排放总量上升；另一方面，CO_2 排放总量和排放强度的边际变化量下降，说明增值税税率对 CO_2 排放量的影响是非线性的，其边际效应不断减弱，且呈现非线性发展趋势。

随着增值税税率的增加，浙江的 CO_2 排放总量呈现不断上升的发展态势，而其排放强度呈现先升后降的发展趋势，这一方面说明，与上海类似，增加企业增值税税率会使得企业的劳动力成本和资本成本相对上升，而中间投入(包含石化能源)成本相对下降，又因为模型假设中间投入与要素(劳动力和资金)投入存在替代效应，所以企业选择减少要素投入而增加中间投入，使得石化能源投入不断增加，进而导致 CO_2 排放总量上升；另一方面，与上海不同的是，浙江的 CO_2 排放强度先升后降，说明增值税税率上调对浙江的 CO_2 排放强度存在峰值效应，即当增值税税率上调达到某临界值时，CO_2 排放强度开始下降。

随着增值税税率的增加，江苏的 CO_2 排放总量和排放强度均呈现不断下降的发展态势，其中 CO_2 排放总量的边际变化量逐渐减少，说明相对于上海和浙江而言，江苏企业对增值税变化较为敏感，企业竞争力相对较弱。当在长三角区域统一实施增值税改革时，江苏的劳动力和资本向区域内其他地区转移，替代效应不能覆盖要素流失效应，从而导致江苏的石化能源使用减少，进而使得江苏的 CO_2 排放总量和 GDP 均出现下降趋势，CO_2 排放量下降比 GDP 下降的速度要慢，导致 CO_2 排放强度也呈现下降的发展趋势。

随着增值税税率的增加，安徽的 CO_2 排放总量呈现不断上升的发展态势，但边际变化量逐渐减少，这一方面说明，增加企业增值税税率会使得企业的劳动力成本和资本成本相对上升，而中间投入（包含石化能源）成本相对下降，又因为模型假设中间投入与要素（劳动力和资金）投入存在替代效应，所以企业选择减少要素投入而增加中间投入，但增值税上调的范围还没有达到其临界值，使得石化能源投入不断增加，进而导致 CO_2 排放总量上升；另一方面，CO_2 排放强度呈现不断下滑的发展趋势，说明增值税税率上调带来的 GDP 增长快于 CO_2 排放总量的增长，从而导致 CO_2 排放强度不断下滑。

7.1.2 增值税税率变化的行业效应模拟

由于长三角不同省市的经济结构和产业结构不同，产业竞争优势也存在差异，下面分析增值税税率变化对长三角不同省市的行业效应，结果如表 7－2 所示。

表 7－2 显示，从行业角度上看，该政策方案下：(1)上海大部分行业的国内总产出均有所增加，其中，电气机械及器材制造业、化学工业、石油加工炼焦及核燃料加工业、煤炭石油天然气开采业的国内总产出增加最大，分别为 10.48%、5.76%、4.43%和 4.28%；(2)江苏大部分行业的国内总产出均有所下降，其中，石油加工炼焦及核燃料加工业、燃气及水的生产与供应业的国内总产出下降最大，分别为 3.52%和 2.35%，从而使得江苏的 CO_2 排放总量有所减少；(3)浙江大部分行业的国内总产出有所减少，但石化能源行业的产出总体有所增加，其中，石油加工炼焦及核燃料加工业和燃气及水的生产与供应业的国内总产出分别增长 3.51%和 0.08%，从而使得浙江的 CO_2 排放总量有所上升；(4)安徽大部分行业的国内总产出均有所增加，其中，石化能源行业均有所上升，石油加工炼焦及核燃料加工业、燃气及水的生产与供应业、煤炭石油天然气开采业的国内总产出变化分别为 8.13%、7.85%和 0.59%，从而使得安徽的 CO_2 排放总量有所增加。

表 7-2 增值税税率变化对长三角不同省市的行业影响差异(%)

		国内总产出	总产出价格	资本形成	居民总消费	政府消费	出口	进口
上海	农林牧渔业	1.3749	0.0457	−0.1117	0.0421	0.9425	3.1365	0.2248
	煤炭石油天然气开采业	**4.2861**	−0.6250	0.5165	UNDF	UNDF	8.9918	1.8043
	金属非金属矿采选业	−0.2363	0.2128	−0.2707	UNDF	UNDF	0.8220	−0.8040
	食品制造及烟草加工业	2.1354	0.2638	−0.3037	−0.3293	UNDF	3.0091	1.3550
	纺织业	−3.9165	0.4630	−0.4425	−0.2577	UNDF	−3.8610	−1.2187
	木材加工、造纸印刷及文教体育用品制造业	−15.8419	1.8434	−2.2040	−2.1030	UNDF	−20.2667	0.2036
	石油加工、炼焦及核燃料加工业	**4.4315**	−0.0276	−0.2439	−0.1595	UNDF	6.5583	1.4236
	化学工业	**5.7674**	−0.6433	0.7224	0.8595	UNDF	10.6212	−0.4809
	金属非金属制品业	2.2898	−0.1419	0.0611	0.2019	UNDF	4.8515	−1.0155
	通用、专用设备制造业	−6.2926	0.7055	−0.9759	−0.8133	UNDF	−7.1383	−1.0228
	交通运输设备制造业	−1.5618	0.3659	−0.4773	−0.2909	UNDF	−1.1231	−0.6025
	电气机械及器材制造业	**10.4889**	−0.8382	1.2909	1.4043	UNDF	16.4709	−2.3309
	通信设备、计算机及其他电子设备制造业	−4.3563	0.4582	−0.5008	−0.3414	UNDF	−4.2827	−2.4062
	仪器仪表及文化办公用机械制造业	−2.7915	0.5338	−0.5899	−0.4355	UNDF	−3.0091	0.3219
	其他制造业	3.3054	−0.1841	0.2231	0.4213	UNDF	6.0717	−0.5829
	电力、热力的生产和供应业	0.8024	−0.0587	−0.1360	0.0178	UNDF	2.9832	−0.3870

续表

		国内总产出	总产出价格	资本形成	居民总消费	政府消费	出口	进口
	燃气及水的生产与供应业	1.0809	0.1240	−0.2673	−0.1128	UNDF	2.5160	0.2797
	建筑业	0.3665	−0.0011	−0.1179	1.0833	UNDF	2.3020	−0.7282
	交通运输及仓储业	2.8474	−0.1825	0.2848	0.3849	1.3083	5.5946	−0.7082
	批发零售业	−3.0642	1.1959	−1.6457	−1.4749	UNDF	−5.7876	2.1549
	其他服务业	1.7852	−0.3956	0.4323	0.5743	1.4725	5.4013	−1.1958
江苏	农林牧渔业	−0.1802	0.0854	−0.1297	−0.3157	0.8791	1.3934	−1.1416
	煤炭石油天然气开采业	−0.7994	0.6380	−0.6458	−0.7412	UNDF	−1.4305	−0.4455
	金属非金属矿采选业	−0.0283	0.2823	−0.3308	UNDF	UNDF	0.7526	−0.4592
	食品制造及烟草加工业	−0.0397	0.2754	−0.3232	−0.5164	UNDF	0.7687	−0.5859
	纺织业	−1.6782	0.5229	−0.6060	−0.7815	UNDF	−1.8557	−1.1129
	木材加工、造纸印刷及文教体育用品制造业	0.8078	0.1234	−0.1059	−0.2173	UNDF	2.2418	−0.8303
	石油加工、炼焦及核燃料加工业	**−3.5238**	1.2417	−0.7234	−0.9131	UNDF	−6.4036	0.2619
	化学工业	0.2458	0.2884	−0.3365	−0.2918	UNDF	1.0041	−0.4084
	金属非金属制品业	−0.2029	0.3273	−0.3804	−0.2467	UNDF	0.3961	−0.6094
	通用、专用设备制造业	−0.4597	0.3865	−0.4406	−0.5176	UNDF	−0.0980	−0.5992
	交通运输设备制造业	−0.5377	0.4348	−0.4792	−0.6618	UNDF	−0.3684	−0.5711

续表

		国内总产出	总产出价格	资本形成	居民总消费	政府消费	出口	进口
	电气机械及器材制造业	−0.2983	0.3785	−0.4252	−0.6019	UNDF	0.0956	−0.5525
	通信设备、计算机及其他电子设备制造业	−0.9934	0.4397	−0.5036	−0.5725	UNDF	−0.8442	−0.8419
	仪器仪表及文化办公用机械制造业	−1.2953	0.4837	−0.5239	−0.5228	UNDF	−1.3197	−0.3594
	其他制造业	−0.0829	0.3824	−0.4102	−0.4202	UNDF	0.2964	−0.3968
	电力、热力的生产和供应业	−0.3461	0.3947	−0.4343	−0.6183	UNDF	−0.0168	−0.4658
	燃气及水的生产与供应业	**−2.3544**	0.9503	−0.9202	−1.1053	UNDF	−4.1705	0.1673
	建筑业	−0.1504	0.2231	−0.2682	−0.4692	UNDF	0.8674	−0.8011
	交通运输及仓储业	0.0072	0.1038	−0.1418	−0.3446	0.8639	1.5092	−1.0870
	批发零售业	−1.6318	1.1245	−1.3018	−1.4976	UNDF	−4.1251	0.8082
	其他服务业	0.4305	−0.0854	0.0517	−0.1505	1.0595	2.7131	−1.0045
浙江	农林牧渔业	0.0234	0.0607	−0.1118	−0.3284	0.7559	1.7007	−0.9675
	煤炭石油天然气开采业	−0.2070	0.2317	−0.2908	UNDF	UNDF	0.7758	−0.7522
	金属非金属矿采选业	−0.3825	0.1693	−0.2316	UNDF	UNDF	0.8492	−1.0546
	食品制造及烟草加工业	0.2627	0.2443	−0.2892	−0.4510	UNDF	1.1992	−0.4421
	纺织业	−1.2786	0.4508	−0.5048	−0.6480	UNDF	−1.1735	−1.1727
	木材加工、造纸印刷及文教体育用品制造业	0.8846	0.1401	−0.1098	−0.1389	UNDF	2.2510	−0.8274

续表

		国内总产出	总产出价格	资本形成	居民总消费	政府消费	出口	进口
	石油加工、炼焦及核燃料加工业	**3.5151**	0.2630	−0.3977	−0.5227	UNDF	4.4041	−0.2201
	化学工业	0.3091	0.2097	−0.2468	−0.3722	UNDF	1.3858	−0.7363
	金属非金属制品业	−0.7267	0.3395	−0.3812	−0.3901	UNDF	−0.1795	−1.1202
	通用、专用设备制造业	0.9946	0.2425	−0.2255	−0.1892	UNDF	1.9451	−0.8661
	交通运输设备制造业	−0.6439	0.4191	−0.4516	−0.6238	UNDF	−0.4124	−0.6903
	电气机械及器材制造业	−5.7203	0.9009	−1.0651	−1.2345	UNDF	−7.2927	−0.3815
	通信设备、计算机及其他电子设备制造业	−2.2444	0.5488	−0.5883	−0.7989	UNDF	−2.5213	−1.1327
	仪器仪表及文化办公用机械制造业	−1.3930	0.4409	−0.4737	−0.6093	UNDF	−1.2489	−0.7526
	其他制造业	−0.4134	0.3862	−0.4232	−0.5239	UNDF	−0.0505	−0.6330
	电力、热力的生产和供应业	−0.2398	0.2244	−0.2822	−0.4765	UNDF	0.7717	−0.8151
	燃气及水的生产与供应业	0.0802	0.1254	−0.2207	−0.4228	UNDF	1.4956	−0.9235
	建筑业	−0.3199	0.2949	−0.3431	UNDF	UNDF	0.4083	−0.7165
	交通运输及仓储业	0.1603	0.0235	−0.0123	−0.2348	0.8599	1.9912	−1.6210
	批发零售业	−1.5670	1.1237	−1.3046	−1.5143	UNDF	−4.0589	0.9845
	其他服务业	0.2082	−0.0220	−0.0169	−0.2385	0.8497	2.2259	−1.0636

续表

		国内总产出	总产出价格	资本形成	居民总消费	政府消费	出口	进口
安徽	农林牧渔业	3.5966	−0.1214	0.1500	0.9626	1.9471	6.1040	1.3145
	煤炭石油天然气开采业	**0.5970**	0.5108	−0.5413	0.5188	UNDF	0.4640	0.6837
	金属非金属矿采选业	0.1965	0.1799	−0.2382	UNDF	UNDF	1.3925	−0.4874
	食品制造及烟草加工业	6.0849	−0.4559	0.5878	1.5363	UNDF	10.1203	−0.2874
	纺织业	−6.0780	0.8562	−1.0045	0.1228	UNDF	−7.4807	−1.0904
	木材加工、造纸印刷及文教体育用品制造业	3.8697	−0.3260	0.3001	1.0703	UNDF	7.2599	0.0980
	石油加工、炼焦及核燃料加工业	**8.1361**	0.0898	−0.3550	−0.2885	UNDF	9.8212	1.6940
	化学工业	4.6656	−0.5293	0.4715	0.6691	UNDF	8.9678	−0.4191
	金属非金属制品业	−0.3231	0.3318	−0.3846	0.2943	UNDF	0.2574	−0.6502
	通用、专用设备制造业	0.3310	0.3034	−0.3631	0.4283	UNDF	1.0295	−0.1156
	交通运输设备制造业	−8.1866	1.2425	−1.4465	−1.1160	UNDF	−10.9302	−0.5349
	电气机械及器材制造业	0.1039	0.3045	−0.3736	0.3053	UNDF	0.7965	−0.3991
	通信设备、计算机及其他电子设备制造业	0.3432	0.3717	−0.4167	0.5438	UNDF	0.7672	−0.9010
	仪器仪表及文化办公用机械制造业	−6.3679	1.4004	−1.5693	−0.7399	UNDF	−9.7304	4.2409
	其他制造业	−3.9667	0.8457	−1.0276	−0.7813	UNDF	−5.3613	0.8803
	电力、热力的生产和供应业	0.6871	0.4053	−0.4438	0.5495	UNDF	0.9772	0.5922

续表

		国内总产出	总产出价格	资本形成	居民总消费	政府消费	出口	进口
	燃气及水的生产与供应业	**7.8547**	−0.7071	0.5445	1.7170	UNDF	13.0949	−0.5070
	建筑业	0.0187	0.1283	−0.2012	0.9990	UNDF	1.4214	−0.7588
	交通运输及仓储业	3.5692	−0.2728	0.2759	1.3871	2.0644	6.7218	−0.2982
	批发零售业	−0.0479	0.5593	−0.7065	0.3244	UNDF	−0.3725	0.8679
	其他服务业	1.8915	−0.3513	0.2985	1.4851	1.6557	5.3241	−0.4243

注：UNDF表示该行业的初始值为零。

表 7－2 还显示，该政策下，长三角区域（上海、浙江、江苏、安徽）的行业价格绝大部分有所上升，这是因为增值税税率上调使得企业生产成本有所加大，根据间接税负担理论，企业会通过提高产品价格，利用"后转"方式，将部分成本转嫁给消费者，从而使得行业产品价格有所上升。从消费来看，上海、浙江、江苏和安徽的居民在大部分行业的消费有所减少，而政府的所有行业消费均有所上升，这主要是因为增值税使得企业利润减少，从而使得居民收入下降，所以居民压缩开支，减少不必要的消费；而该政策下，上海、浙江、江苏和安徽的政府收入均有所增加，从而使得政府消费均有所上升。

7.2 营业税税率变化的碳解锁联动效应模拟

7.2.1 营业税税率变化的区域联动效应模拟

假设增加企业营业税税率，将现有营业税税率增加 5%，即 rbus(i)＝1.05 * rbust0(i)，rbus0(i)为行业原营业税税率，rbus(i)为变动后的行业营业税税率，其他条件不变，模拟对长三角区域（上海、江苏、浙江、安徽）生产总值、产业结构、居民收入和居民消费、政府收入和政府消费、进出口、社会福利、CO_2 排放等宏观经济变量的影响，模拟结果如表 7－3 所示。

表 7－3 营业税税率变化的地区联动效应模拟结果

	变量名称	增长率(%)		变量名称	增长率(%)
全国	实际 GDP	0.044 7	全国	第二产业增加值	0.072 0
	名义 GDP	0.186 8		第三产业增加值	0.344 3
	GDP 平减指数	0.142 1		CO_2 排放总量	−0.087 2
	第一产业增加值	−0.012 3		CO_2 排放强度	−0.273 5
上海	地区实际 GDP	0.466 7	浙江	地区实际 GDP	0.064 9
	地区名义 GDP	0.550 5		地区名义 GDP	0.228 8
	地区 GDP 平减指数	0.083 4		地区 GDP 平减指数	0.163 8
	固定资产总投资	0.105 8		固定资产总投资	0.013 8
	进口	0.030 3		进口	0.174 7

续表

	变量名称	增长率（%）		变量名称	增长率（%）
	出口	0.2606	浙江	出口	0.1936
	省内调入	0.1019		省内调入	0.1163
	省内调出	0.3203		省内调出	0.0629
	居民名义总收入	0.2859		居民名义总收入	0.0316
	居民总储蓄	0.2859		居民总储蓄	0.0316
	增值税	0.9350		增值税	0.1378
	营业税	5.2180		营业税	4.9784
	消费税	0.2035		消费税	0.0751
	其他间接税	0.7419		其他间接税	0.1158
	关税	0.0766		关税	0.2363
	居民个人所得税	0.2859		居民个人所得税	0.0316
	企业所得税	0.0184		企业所得税	−0.0918
	政府总收入	1.1734		政府总收入	0.9296
	地区 CO_2 排放总量	0.4149		地区 CO_2 排放总量	−0.0983
	地区 CO_2 排放强度	−0.1348		地区 CO_2 排放强度	−0.3264
江苏	地区实际GDP	−0.0453	安徽	地区实际GDP	−0.2815
	地区名义GDP	0.0964		地区名义GDP	−0.1083
	地区GDP平减指数	0.1418		地区GDP平减指数	0.1737
	固定资产总投资	0.0559		固定资产总投资	−0.0066
	进口	0.0528		进口	−0.1018
	出口	−0.1356		出口	−0.5016
	省内调入	−0.0057		省内调入	−0.1215
	省内调出	0.0199		省内调出	−0.4685
	居民名义总收入	−0.0256		居民名义总收入	−0.1590
	居民总储蓄	−0.0256		居民总储蓄	−0.1590
	增值税	0.0097		增值税	−0.1778
	营业税	4.9098		营业税	4.6468
	消费税	−0.0575		消费税	−0.0179

续表

	变量名称	增长率(%)		变量名称	增长率(%)
	其他间接税	0.0265	安徽	其他间接税	−0.1994
	关税	0.1059		关税	−0.0281
	居民个人所得税	−0.0256		居民个人所得税	−0.1590
	企业所得税	0.2714		企业所得税	−0.4316
	政府总收入	0.5733		政府总收入	0.4215
	地区 CO_2 排放总量	−0.1526		地区 CO_2 排放总量	−0.2384
	地区 CO_2 排放强度	−0.2488		地区 CO_2 排放强度	−0.1302
全国社会福利总水平变动量(VALUE 值)：−3874.21					

表 7－3 显示，在长三角区域内增加企业营业税税率，将现有营业税税率增加 5%，其他条件不变的假设条件下，我国名义 GDP 增加 0.18 个百分点，而实际 GDP 将略微增加 0.04 个百分点，说明该政策虽然有利于我国的经济增长，但是影响甚微，几乎可以忽略不计；从产业来看，第二产业和第三产业增加值分别增加 0.07 个百分点和 0.34 个百分点，而第一产业增加值减少 0.01 个百分点，说明该政策虽然不利于第一产业的发展，但是却有利于第二产业和第三产业的发展，从而使得第一产业比重降低，第二产业和第三产业比重增加，由于第一产业的负面影响甚微，几乎可以忽略，而第三产业增长率最大，且第三产业是吸纳我国就业的主要部门，因此该政策总体有利于我国的产业结构优化，有利于解决我国的就业问题；另外，该政策下，CO_2 排放总量及 CO_2 排放强度均有所下降，说明该政策有利于我国的节能减排。还有，GDP 平减指数上升 0.14%，由于该政策增加了企业生产成本，从而使得产品的销售价格上升，最终使得总体价格水平有所增加，说明该政策不利于减缓和抑制我国通货膨胀压力。但是，总体而言，相对于增值税税率上调的政策效应模拟结果而言，营业税税率上调相对更有利于实现我国经济增长和节能减排协调发展战略。

分区域来看，上海、江苏、浙江、安徽的实际 GDP 增速分别变动 0.47 个百分点、−0.04 个百分点、0.06 个百分点和−0.28 个百分点，说明该政策有利于上海和浙江的经济增长，而不利于江苏和安徽的经济增长。原因在于，自 2011 年 11 月 17 日，财政部、国家税务总局正式公布营业税改征增值税试点方案以来，营业税主要在交通运输及仓储业、建筑业和其他服务业进行征收，而其他行业不再征收营业税。上调企业营业税税率，将直接作用于不同省份的交通运输及仓储业、建筑业和其他服务业。该政策下，上海和浙江的经济增长有所上升，而江苏和安徽的经济增长有所下降，说明该政策下，江苏和安徽的交通运输及仓储业、建筑业和其他服务业对营业税税率较为敏感，企业优势相对上海和浙江企业较小，从而使得江苏和浙江的这些行业的劳动力与资金流向上海和浙江的相关行业，造成区域经济增长趋势分化。

从贸易上看，该政策下，长三角区域（上海、江苏、浙江、安徽）出口分别变化 0.26 个百分点、−0.14 个百分点、0.19 个百分点和 −0.50 个百分点，说明该政策有利于上海和浙江的出口贸易，而不利于江苏和安徽的出口贸易。原因在于，上海和浙江的交通运输及仓储业、建筑业和其他服务业具有相对发展优势，由于吸收了从江苏和安徽转移来的劳动力与资金，从而使得上海和浙江产出增加，进而使得其出口有所上升；而江苏和安徽的交通运输及仓储业、建筑业和其他服务业的生产相对处于劣势（生产企业的利润空间相对较少），对营业税税率上调较为敏感，从而使得这些行业产品价格上涨，进而降低了产品价格的国际竞争力，造成出口减少。

从居民收入上看，长三角区域（上海、浙江、江苏、安徽）的居民名义收入分别变动 0.28 个百分点、−0.02 个百分点、0.03 个百分点和 −0.16 个百分点，但这四个区域的 GDP 平减指数分别上升 0.08 个百分点、0.14 个百分点、0.16 个百分点和 0.17 个百分点。这意味着，除上海外，浙江、江苏和安徽的居民实际收入变动率均为负值。另外，该政策下，上海、江苏、浙江和安徽的地方政府总收入分别增加了 1.17 个百分点、0.57 个百分点、0.93 个百分点和 0.42 个百分点，说明该政策使得地方政府收入有所增加；值得注意的是，该政策下，除上海外，江苏、浙江和安徽的企业所得税均有所下降，分别减少 0.27 个百分点、0.09 个百分点和 0.43 个百分点。由于企业所得税直接取决于企业总利润，企业所得税减少意味着企业总利润下降，说明该政策增加了企业实际负担，使得企业总利润下降，这对长三角区域的经济转型、结构调整、产业升级均会产生不利影响，从而影响长三角区域经济的长远发展。另外，该政策下，全国社会总福利减少 3874.2 亿元，说明该政策总体不利于提高我国的社会总福利，不利于社会和谐发展。

最后，着重分析不同营业税税率条件下，长三角区域（上海、浙江、江苏、安徽）CO_2 排放规模及排放强度变化情形，结果如图 7－2 所示。

图 7－2 表明，随着营业税税率的增加，上海的 CO_2 排放总量呈现不断上升的发展态势，但边际变化量逐渐减少，这一方面说明，增加企业营业

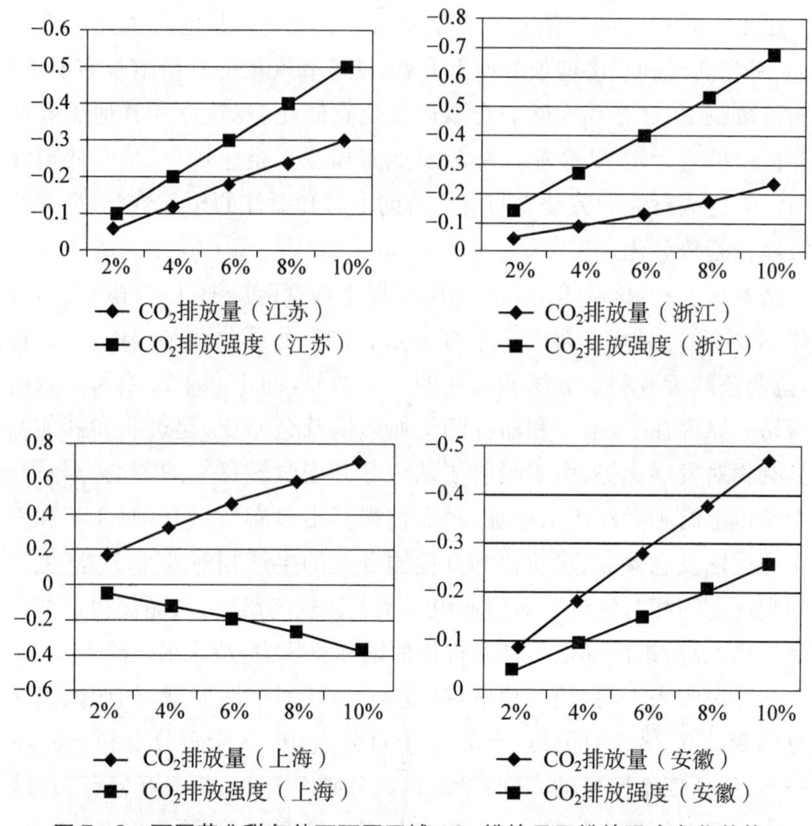

图 7-2　不同营业税条件下不同区域 CO_2 排放量及排放强度变化趋势

税税率会使得交通运输及仓储业、建筑业和其他服务业的企业劳动力成本和资本成本相对上升，而中间投入（包含石化能源）成本相对下降，又因为模型假设中间投入与要素（劳动力和资金）投入存在替代效应，所以交通运输及仓储业、建筑业和其他服务业企业选择减少要素投入而增加中间投入，但增值税上调的范围还没有达到其临界值，使得石化能源投入不断增加，进而导致 CO_2 排放总量上升；另一方面，CO_2 排放强度呈现不断下滑的发展趋势，说明营业税税率上调使得上海的 CO_2 排放总量和 GDP 均出现增长趋势，但 CO_2 排放量增长比 GDP 增长的速度要慢，导致 CO_2 排放强度呈现下降的发展趋势。

随着营业税税率的增加，江苏、浙江和安徽的 CO_2 排放总量和排放强度均呈现不断下降的发展态势，其中 CO_2 排放总量的边际变化量逐渐减少，说明相对于上海而言，江苏、浙江和安徽的交通运输及仓储业、建筑业和其他服务业企业对营业税较为敏感，交通运输及仓储业、建筑业和其他服务业企业竞争力相对较弱。当在长三角区域统一实施营业税改革时，江苏、浙江和安徽的劳动力与资本向其他区域转移，替代效应不能覆盖要素流失效应，从而导致江苏、浙江和安徽的石化能源使用减少，进而使得江苏、浙江和安徽的 CO_2 排放总量和排放强度均呈现下降的发展趋势。

7.2.2 营业税税率变化的行业效应模拟

由于长三角不同省市的经济结构和产业结构不同，产业竞争优势也存在差异，下面分析营业税税率变化对长三角不同省市的行业效应，结果如表7-4所示。

表7-4显示，从行业角度上看，该政策方案下：(1) 上海大部分行业的国内总产出均有所增加，其中，批发零售业、石油加工炼焦及核燃料加工业、煤炭石油天然气开采业的国内总产出增加最大，分别为2.46%、2.33%和2.22%；(2) 江苏大部分行业的国内总产出均有所下降，其中，石油加工炼焦及核燃料加工业、木材加工造纸印刷及文教体育用品制造业、化学工业、燃气及水的生产与供应业的国内总产出下降较大，分别为0.52%、0.25%、0.24%和0.23%，从而使得江苏的 CO_2 排放总量有所减少；(3) 浙江各行业的国内总产出有增有减，其中，石化能源行业、煤炭石油天然气开采业、石油加工炼焦及核燃料加工业、燃气及水的生产与供应业的国内总产出分别变动0.02%、0.10%和－0.17%，从而使得浙江的 CO_2 排放总量略有下降；(4) 安徽大部分行业的国内总产出均有所减少，其中，石化能源行业均有所下降，煤炭石油天然气开采业、石油加工炼焦及核燃料加工业、燃气及水的生产与供应业的国内总产出变化分别为－0.16%、－0.09%和0.26%，从而使得安徽的 CO_2 排放总量下降明显。

表7-4还显示，该政策下，长三角区域(上海、浙江、江苏、安徽)的行业价格绝大部分有所上升，这是因为营业税税率上调使得企业生产成本有所加大，根据间接税负担理论，企业会通过提高产品价格，利用“后转”方式，将部分成本转嫁给消费者，从而使得行业产品价格有所上升。从消费来看，上海的居民消费在大部分行业有所增加，原因在于，上海居民收入上升明显；而浙江、江苏和安徽的居民在大部分行业的消费有所减少，原因在于，营业税使得这些区域的企业利润减少，从而使得居民收入下降，所以居民压缩开支，减少不必要的消费；而该政策下，上海、浙江、江苏和安徽的政府收入均有所增加，从而使得政府消费均有所上升。

表 7-4　营业税税率变化对长三角不同省市的行业影响差异(%)

		国内总产出	总产出价格	资本形成	居民总消费	政府消费	出口	进口
上海	农林牧渔业	−0.0327	0.0089	0.1732	0.2628	1.1107	0.1492	−0.1577
	煤炭石油天然气开采业	**2.2168**	−0.4436	0.6061	UNDF	UNDF	4.2775	1.1107
	金属非金属矿采选业	0.0740	0.1177	0.0800	UNDF	UNDF	−0.1790	0.2105
	食品制造及烟草加工业	−0.9493	0.2431	−0.0911	−0.1532	UNDF	−1.6930	0.3295
	纺织业	−0.2039	0.0661	0.0964	0.1505	UNDF	−0.2504	0.0917
	木材加工、造纸印刷及文教体育用品制造业	−1.5641	0.2032	−0.0608	−0.0116	UNDF	−2.1474	0.0824
	石油加工、炼焦及核燃料加工业	**2.3306**	−0.2506	0.2719	0.3002	UNDF	3.5877	0.1088
	化学工业	0.6143	−0.0510	0.2540	0.2778	UNDF	1.0395	−0.0059
	金属非金属制品业	0.3882	−0.0239	0.2019	0.2355	UNDF	0.7029	−0.1030
	通用、专用设备制造业	−0.8631	0.1278	0.0343	0.1136	UNDF	−1.1535	−0.0256
	交通运输设备制造业	−0.1677	0.1020	0.0928	0.0706	UNDF	−0.3573	0.1327
	电气机械及器材制造业	1.1002	−0.0670	0.3044	0.2681	UNDF	1.5924	−0.1503
	通信设备、计算机及其他电子设备制造业	−0.3468	0.0609	0.1343	0.2143	UNDF	−0.3729	−0.0472
	仪器仪表及文化办公用机械制造业	−0.4711	0.0684	0.1073	0.1628	UNDF	−0.5267	0.0643
	其他制造业	0.5135	−0.0023	0.2054	0.2160	UNDF	0.7416	0.0586
	电力、热力的生产和供应业	0.4630	0.0418	0.1291	0.2189	UNDF	0.5134	0.4266

续表

		国内总产出	总产出价格	资本形成	居民总消费	政府消费	出口	进口
	燃气及水的生产与供应业	0.3080	0.0712	0.1133	0.2024	UNDF	0.2408	0.3338
	建筑业	0.0239	0.0299	0.0460	−0.3085	UNDF	−0.4100	0.2717
	交通运输及仓储业	0.3286	0.0563	0.0891	0.1203	0.7546	0.1261	0.4663
	批发零售业	**2.4608**	−0.3840	0.8490	0.9198	UNDF	4.2762	−0.7772
	其他服务业	0.1330	0.0804	−0.0887	−0.0133	0.8605	−0.7120	0.8406
江苏	农林牧渔业	−0.0740	0.0409	0.1556	−0.0552	0.5363	−0.0200	−0.1382
	煤炭石油天然气开采业	−0.1453	0.1026	0.0931	−0.1128	UNDF	−0.3376	−0.0434
	金属非金属矿采选业	−0.0766	0.1243	0.0730	UNDF	UNDF	−0.3554	0.0812
	食品制造及烟草加工业	−0.1045	0.0701	0.1251	−0.0923	UNDF	−0.1671	−0.0906
	纺织业	−0.0530	0.0733	0.1196	−0.0929	UNDF	−0.1286	−0.0063
	木材加工、造纸印刷及文教体育用品制造业	**−0.2813**	0.1234	0.0615	−0.1092	UNDF	−0.5561	0.0090
	石油加工、炼焦及核燃料加工业	**−0.5217**	0.1742	0.0794	−0.1318	UNDF	−0.9968	−0.0250
	化学工业	**−0.2440**	0.1249	0.0711	−0.0484	UNDF	−0.5246	0.0193
	金属非金属制品业	0.0248	0.0865	0.1097	−0.0539	UNDF	−0.1034	0.0980
	通用、专用设备制造业	0.2322	0.0447	0.1609	−0.0372	UNDF	0.2710	0.0657
	交通运输设备制造业	0.1149	0.0540	0.1427	−0.0734	UNDF	0.1164	0.0686

续表

		国内总产出	总产出价格	资本形成	居民总消费	政府消费	出口	进口
	电气机械及器材制造业	0.1625	0.0669	0.1363	−0.0794	UNDF	0.1124	0.0720
	通信设备、计算机及其他电子设备制造业	0.0178	0.0664	0.1351	−0.0789	UNDF	−0.0301	0.0349
	仪器仪表及文化办公用机械制造业	0.1566	0.0538	0.1392	0.0530	UNDF	0.1589	−0.0515
	其他制造业	−0.0421	0.0831	0.1074	−0.0690	UNDF	−0.1566	0.0527
	电力、热力的生产和供应业	−0.0896	0.1237	0.0754	−0.1240	UNDF	−0.3660	0.0663
	燃气及水的生产与供应业	−0.2309	0.1442	0.0591	−0.1616	UNDF	−0.5883	0.0473
	建筑业	−0.1313	0.0929	−0.0091	−0.2304	UNDF	−0.7293	0.3016
	交通运输及仓储业	−0.2219	0.1393	−0.0265	−0.2471	0.3502	−0.8832	0.2738
	批发零售业	−0.0391	0.0797	0.1135	−0.1073	UNDF	−0.1402	0.0300
	其他服务业	−0.2296	0.1336	−0.1766	−0.3962	0.2015	−1.4647	0.5772
浙江	农林牧渔业	−0.0522	0.0693	0.1244	−0.0358	0.8537	−0.1116	−0.0243
	煤炭石油天然气开采业	0.0181	0.0690	0.1263	UNDF	UNDF	−0.0401	0.0462
	金属非金属矿采选业	0.0882	0.1222	0.0759	UNDF	UNDF	−0.1827	0.2363
	食品制造及烟草加工业	−0.1120	0.0989	0.0971	−0.0494	UNDF	−0.2896	−0.0028
	纺织业	0.1258	0.0762	0.1148	−0.0354	UNDF	0.0387	0.1989
	木材加工、造纸印刷及文教体育用品制造业	−0.3242	0.1370	0.0414	−0.0496	UNDF	−0.6526	0.0753

续表

		国内总产出	总产出价格	资本形成	居民总消费	政府消费	出口	进口
	石油加工、炼焦及核燃料加工业	0.1038	0.0884	0.1081	−0.0262	UNDF	−0.0320	−0.0309
	化学工业	0.1023	0.0816	0.1130	−0.0202	UNDF	−0.0063	0.1828
	金属非金属制品业	0.1948	0.0860	0.1062	0.0774	UNDF	0.0685	0.2783
	通用、专用设备制造业	−0.8257	0.1660	−0.0088	−0.1158	UNDF	−1.2669	0.2491
	交通运输设备制造业	0.1413	0.0602	0.1347	−0.0176	UNDF	0.1182	0.0576
	电气机械及器材制造业	2.8223	−0.1589	0.4305	0.2706	UNDF	3.7036	0.0096
	通信设备、计算机及其他电子设备制造业	−0.1075	0.0900	0.1105	−0.0533	UNDF	−0.2495	0.1782
	仪器仪表及文化办公用机械制造业	0.0673	0.0658	0.1261	0.0124	UNDF	0.0217	0.0927
	其他制造业	0.0598	0.0758	0.1184	−0.0398	UNDF	−0.0257	0.0951
	电力、热力的生产和供应业	−0.0135	0.1294	0.0697	−0.0739	UNDF	−0.3126	0.1577
	燃气及水的生产与供应业	−0.1710	0.1686	0.0436	−0.1210	UNDF	−0.6255	0.1615
	建筑业	−0.1196	0.0809	−0.0362	UNDF	UNDF	−0.9344	0.3392
	交通运输及仓储业	−0.4474	0.1976	−0.1587	−0.3225	0.5540	−1.5058	0.6568
	批发零售业	0.0433	0.1057	0.0817	−0.0824	UNDF	−0.1617	0.2124
	其他服务业	−0.1269	0.1275	−0.1868	−0.3497	0.5430	−1.4099	0.7233

续表

		国内总产出	总产出价格	资本形成	居民总消费	政府消费	出口	进口
安徽	农林牧渔业	0.0500	0.0435	0.1641	−0.0821	0.4502	0.0937	−0.1153
	煤炭石油天然气开采业	−0.1571	0.1014	0.0944	−0.2457	UNDF	−0.3444	−0.0581
	金属非金属矿采选业	−0.1997	0.1350	0.0635	UNDF	UNDF	−0.5206	−0.0157
	食品制造及烟草加工业	0.0487	0.0635	0.1474	−0.1546	UNDF	0.0123	−0.1621
	纺织业	−0.1108	0.0790	0.1113	−0.2226	UNDF	−0.2089	−0.1135
	木材加工、造纸印刷及文教体育用品制造业	−0.3476	0.1216	0.0751	−0.1478	UNDF	−0.6149	−0.1347
	石油加工、炼焦及核燃料加工业	−0.0969	0.0858	0.1146	−0.0355	UNDF	−0.2221	−0.5830
	化学工业	−0.6863	0.1882	0.0127	−0.0896	UNDF	−1.2159	−0.1108
	金属非金属制品业	−0.2275	0.1113	0.0892	−0.1434	UNDF	−0.4539	−0.0947
	通用、专用设备制造业	−0.6005	0.1650	0.0304	−0.2108	UNDF	−1.0387	−0.0932
	交通运输设备制造业	−0.5463	0.1499	0.0406	−0.1164	UNDF	−0.9250	0.0033
	电气机械及器材制造业	−0.3339	0.1273	0.0689	−0.1961	UNDF	−0.6239	0.0750
	通信设备、计算机及其他电子设备制造业	0.0369	0.0530	0.1451	−0.1631	UNDF	0.0425	−0.2495
	仪器仪表及文化办公用机械制造业	1.0437	−0.1091	0.3393	0.0922	UNDF	1.7067	−0.9986
	其他制造业	1.6861	−0.1000	0.3643	0.2638	UNDF	2.3162	−0.3808
	电力、热力的生产和供应业	−0.2572	0.1214	0.0773	−0.2453	UNDF	−0.5240	−0.1082

续表

		国内总产出	总产出价格	资本形成	居民总消费	政府消费	出口	进口
	燃气及水的生产与供应业	−1.5337	0.3117	−0.0838	−0.4270	UNDF	−2.5401	0.0605
	建筑业	−0.1209	0.1085	−0.0191	−0.3734	UNDF	−0.8333	0.2852
	交通运输及仓储业	−1.2607	0.2437	−0.1570	−0.4956	0.1111	−2.3728	0.1799
	批发零售业	−0.4925	0.1802	−0.0331	−0.3464	UNDF	−0.9915	0.1208
	其他服务业	−0.6019	0.1949	−0.1299	−0.4798	0.3634	−1.6870	0.1567

注：UNDF 表示该行业的初始值为零。

7.3 消费税税率变化的碳解锁联动效应模拟

7.3.1 消费税税率变化的区域联动效应模拟

假设增加企业的消费税税率，将现有的消费税税率增加5%，即rcon(i)=1.05 * rcon0(i)，rcon0(i)为行业原消费税税率，rcon(i)为变动后的行业消费税税率，其他条件不变，模拟对长三角区域(上海、江苏、浙江、安徽)生产总值、产业结构、居民收入和居民消费、政府收入和政府消费、进出口、社会福利及CO_2排放等宏观经济变量的影响，模拟结果如表7-5所示。

表7-5 消费税税率变化的地区联动效应模拟结果

	变量名称	增长率(%)		变量名称	增长率(%)
全国	实际GDP	0.0021	全国	第二产业增加值	0.2875
	名义GDP	0.1294		第三产业增加值	0.0473
	GDP平减指数	0.1274		CO_2排放总量	−0.3047
	第一产业增加值	−0.7401		CO_2排放强度	−0.4335
上海	地区实际GDP	0.1868	浙江	地区实际GDP	−0.1075
	地区名义GDP	0.2895		地区名义GDP	0.0473
	地区GDP平减指数	0.1025		地区GDP平减指数	0.1549
	固定资产总投资	0.0193		固定资产总投资	0.0405
	进口	0.0221		进口	−0.0186
	出口	0.1863		出口	−0.0286
	省内调入	0.1343		省内调入	0.0793
	省内调出	0.5096		省内调出	−0.2367
	居民名义总收入	0.1175		居民名义总收入	−0.0051
	居民总储蓄	0.1175		居民总储蓄	−0.0051
	增值税	0.0237		增值税	0.0421
	营业税	0.1566		营业税	0.0807
	消费税	8.3398		消费税	5.1872
	其他间接税	0.2244		其他间接税	0.0291

续表

	变量名称	增长率(%)		变量名称	增长率(%)
	关税	0.1326		关税	0.1271
	居民个人所得税	0.1175		居民个人所得税	-0.0051
	企业所得税	0.1136		企业所得税	0.1136
	政府总收入	0.7223		政府总收入	0.2591
	地区 CO_2 排放总量	-0.3994		地区 CO_2 排放总量	-0.1714
	地区 CO_2 排放强度	-0.6869		地区 CO_2 排放强度	-0.2186
江苏	地区实际 GDP	0.0256	安徽	地区实际 GDP	-0.0838
	地区名义 GDP	0.1558		地区名义 GDP	-0.0002
	地区 GDP 平减指数	0.1302		地区 GDP 平减指数	0.0836
	固定资产总投资	0.1063		固定资产总投资	0.1322
	进口	0.1636		进口	0.0081
	出口	0.1757		出口	-0.4669
	省内调入	0.2910		省内调入	-0.0561
	省内调出	0.1403		省内调出	0.0099
	居民名义总收入	0.1024		居民名义总收入	-0.2072
	居民总储蓄	0.1024		居民总储蓄	-0.2072
	增值税	0.0691		增值税	0.3641
	营业税	0.1859		营业税	0.0397
	消费税	3.0361		消费税	5.7562
	其他间接税	0.1871		其他间接税	0.2103
	关税	0.2625		关税	0.1537
	居民个人所得税	0.1024		居民个人所得税	-0.2072
	企业所得税	0.1136		企业所得税	0.1136
	政府总收入	0.2731		政府总收入	0.5424
	地区 CO_2 排放总量	-0.6813		地区 CO_2 排放总量	0.0103
	地区 CO_2 排放强度	-0.8358		地区 CO_2 排放强度	0.0105
全国社会福利总水平变动量(VALUE 值):-3455.62					

表7-5显示,在长三角区域内增加企业消费税税率,将现有消费税税率增加5%,其他条件不变的假设条件下,我国名义实际GDP增加0.13个百分点,而实际GDP将略微增加0.002个百分点,说明该政策虽然有利于我国的经济增长,但是影响甚微,几乎可以忽略不计;从产业来看,第二产业和第三产业增加值分别增加0.29个百分点和0.05个百分点,而第一产业增加值减少0.74个百分点,说明该政策虽然不利于第一产业的发展,但是却有利于第二产业和第三产业的发展,从而使得第一产业比重降低,第二产业和第三产业比重增加,而第二产业增长率最大,由于第二产业主要由实体经济部门构成,因此该政策总体有利于我国的实体经济发展,有利于巩固我国经济中长期发展的基础和动力;另外,该政策下,CO_2排放总量及其强度均有所下降,说明该政策有利于我国的节能减排。还有,GDP平减指数上升0.13%,由于该政策增加了企业生产成本,从而使得产品的销售价格上升,最终使得总体价格水平有所增加,说明该政策不利于减缓和抑制我国通货膨胀压力。但是,总体而言,相对增值税税率上调的政策效应模拟结果,消费税税率上调政策相对更有利于我国经济发展和实施节能减排战略。

分区域来看,上海、江苏、浙江、安徽的实际GDP增速分别变动0.19个百分点、0.03个百分点、-0.10个百分点和-0.08个百分点,说明该政策有利于上海和江苏的经济增长,而不利于浙苏和安徽的经济增长。原因在于,消费税主要在食品制造及烟草加工业、木材加工造纸印刷及文教体育用品制造业、批发零售业、石油加工炼焦及核燃料加工业、交通运输设备制造业征收,上调企业消费税税率,将直接作用于不同省份的食品制造及烟草加工业、木材加工造纸印刷及文教体育用品制造业、批发零售业、石油加工炼焦及核燃料加工业、交通运输设备制造业。该政策下,上海和江苏的经济增长有所上升,而浙江和安徽的经济增长有所下降,说明该政策下,浙江和安徽的食品制造及烟草加工业、木材加工造纸印刷及文教体育用品制造业、批发零售业、石油加工炼焦及核燃料加工业、交通运输设备制造业对消费税税率较为敏感,企业优势相对上海和江苏企业较小,从而使得浙江和安徽的这些行业的劳动力与资金流向上海和江苏相关行业,造成区域经济增长趋势分化。

从贸易上看,该政策下,长三角区域(上海、江苏、浙江、安徽)出口分别变化0.18个百分点、0.17个百分点、-0.02个百分点和-0.46个百分点,说明该政策有利于上海和江苏的出口贸易增长,而不利于浙江和安徽的出口贸易。原因在于,上海和江苏的食品制造及烟草加工业、木材加工造纸印刷及文教体育用品制造业、批发零售业、石油加工炼焦及核燃料加工业、交通运输设备制造业具有相对发展优势,由于吸收了从浙江和安徽转移来的劳动力与资金，从而使得上海和江苏产出增加，进而使得其出口有所上升；而浙江和安徽的食品制造及烟草加工业、木材加工造纸印刷及文教体育用品制造业、批发零售业、石油加工炼焦及核燃料加工业、交通运输设备制造业的生产相对处于劣势（生产企业的利润空间相对较少），对消费税税率上调较为敏感，从而使得这些行业产品价格上涨，进而降低了产品价格的国际竞争力，造成出口减少。

从居民收入上看，长三角区域（上海、浙江、江苏、安徽）的居民名义收入分别变动0.12个百分点、－0.005个百分点、0.10个百分点和－0.21个百分点，但这四个区域的GDP平减指数分别上升0.10个百分点、0.16个百分点、0.13个百分点和0.08个百分点。这意味着，除上海外，浙江、江苏和安徽的居民实际收入变动率均为负值。另外，该政策下，上海、江苏、浙江和安徽的地方政府总收入分别增加了0.72个百分点、0.27个百分点、0.26个百分点和0.54个百分点，说明该政策使得地方政府收入有所增加；值得注意的是，该政策下，除上海外，江苏、浙江和安徽的企业所得税均有所下降，分别减少0.07个百分点、0.15个百分点和0.48个百分点，由于企业所得税直接取决于企业总利润，企业所得税减少意味着企业总利润下降，说明该政策增加了企业实际负担，使得企业总利润下降，这对长三角区域的经济转型、结构调整、产业升级均会产生不利影响，从而影响长三角区域经济的长远发展。另外，该政策下，全国社会总福利减少3455.6亿元，说明该政策总体不利于提高我国的社会总福利。

最后，着重分析不同消费税税率条件下，长三角区域（上海、浙江、江苏、安徽）CO_2排放规模及排放强度变化情形，结果如图7－3所示。

图7－3表明，随着消费税税率的增加，上海、江苏和浙江的CO_2排放总量和排放强度均呈现不断下降的发展态势，说明上海、江苏和浙江的食品制造及烟草加工业、木材加工造纸印刷及文教体育用品制造业、批发零售业、石油加工炼焦及核燃料加工业、交通运输设备制造业对消费税较为敏感，食品制造及烟草加工业、木材加工造纸印刷及文教体育用品制造业、批发零售业、石油加工炼焦及核燃料加工业、交通运输设备制造业企业竞争力相对较弱。当在长三角区域统一实施消费税改革时，浙江的劳动力与资本向其他区域转移，替代效应不能覆盖要素流失效应，从而导致浙江地区的石化能源使用可能减少，进而使得浙江的CO_2排放总量和排放强度均呈现下降的发展趋势；而上海和江苏的石化能源消耗量也在减少，但其他行业的增加值增加较大，从而可以弥补和替代石化能源行业的损失，从而导致上海和江苏的实际GDP有所增加，CO_2排放量和排放强度均不断下降。

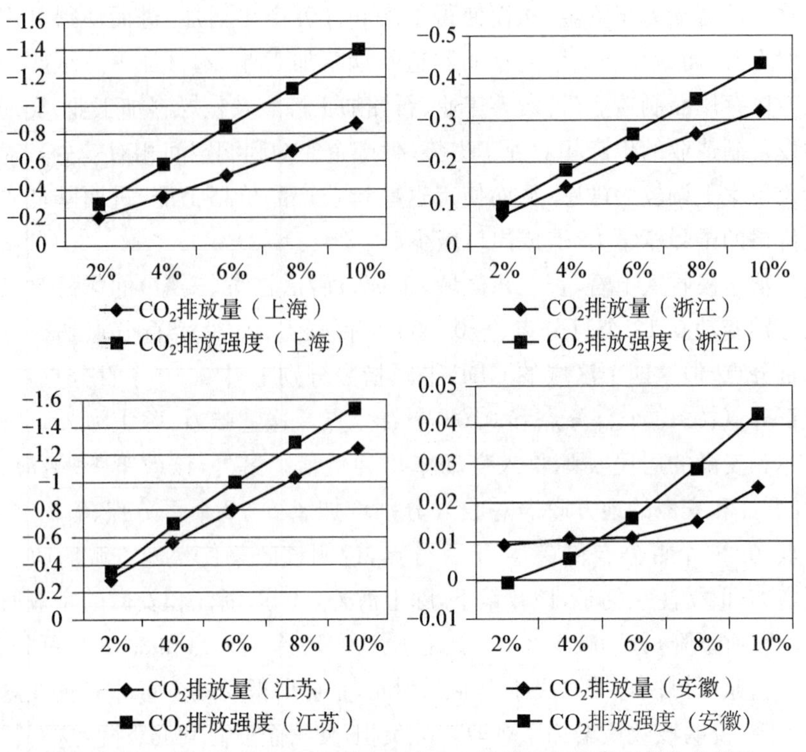

图 7-3 不同消费税条件下不同区域 CO_2 排放量及排放强度变化趋势

随着消费税税率的增加，安徽的 CO_2 排放总量和排放强度呈现不断上升的发展态势，但边际变化量逐渐减少，这一方面说明，增加企业消费税税率会使得安徽的食品制造及烟草加工业、木材加工造纸印刷及文教体育用品制造业、批发零售业、石油加工炼焦及核燃料加工业、交通运输设备制造业的企业劳动力成本和资本成本相对上升，而中间投入（包含石化能源）成本相对下降，又因为模型假设中间投入与要素（劳动力和资金）投入存在替代效应，所以食品制造及烟草加工业、木材加工造纸印刷及文教体育用品制造业、批发零售业、石油加工炼焦及核燃料加工业、交通运输设备制造业企业选择减少要素投入而增加中间投入，但消费税上调的范围还没有达到其临界值，使得石化能源投入不断增加，进而导致 CO_2 排放总量及排放强度保持上升态势。

7.3.2 消费税税率变化的行业效应模拟

由于长三角不同省市的经济结构和产业结构不同，产业竞争优势也存在差异，下面分析消费税税率变化对长三角不同省市的行业效应差异，结果如表 7-6 所示。

表 7-6 消费税税率变化对长三角不同省市的行业影响差异(%)

		国内总产出	总产出价格	资本形成	居民总消费	政府消费	出口	进口
上海	农林牧渔业	**2.7313**	−0.0900	0.2329	0.1896	0.7681	3.6364	2.1333
	煤炭石油天然气开采业	−7.0275	1.7348	−1.4386	UNDF	UNDF	−12.7590	−3.7559
	金属非金属矿采选业	0.0178	0.1364	0.0276	UNDF	UNDF	−0.0107	0.0355
	食品制造及烟草加工业	**9.8798**	−1.7277	1.6487	1.5557	UNDF	15.1043	−0.6750
	纺织业	−0.2326	0.1231	0.0576	−0.0037	UNDF	−0.2077	−0.1035
	木材加工、造纸印刷及文教体育用品制造业	−0.0778	0.1335	0.0228	−0.0274	UNDF	−0.1045	0.1874
	石油加工、炼焦及核燃料加工业	−7.4603	0.9567	−0.5592	−0.6239	UNDF	−12.2885	0.9667
	化学工业	0.3271	0.0618	0.1061	0.0317	UNDF	0.5980	−0.0077
	金属非金属制品业	−0.2617	0.1939	−0.0191	−0.0839	UNDF	−0.5187	0.1348
	通用、专用设备制造业	0.0402	0.1138	0.0429	−0.0058	UNDF	0.1020	0.1025
	交通运输设备制造业	0.7000	0.0119	0.0814	−0.0046	UNDF	0.8616	0.2266
	电气机械及器材制造业	−0.0368	0.1253	0.0353	−0.0451	UNDF	−0.0210	0.0135
	通信设备、计算机及其他电子设备制造业	−0.1459	0.1248	0.0364	−0.0114	UNDF	−0.1277	−0.1427
	仪器仪表及文化办公用机械制造业	0.0125	0.1274	0.0413	−0.0138	UNDF	0.0200	0.0235
	其他制造业	−0.3299	0.1540	0.0037	−0.0795	UNDF	−0.4280	−0.1054
	电力、热力的生产和供应业	−0.2106	0.1556	0.0299	−0.0132	UNDF	−0.3153	−0.1455

续表

		国内总产出	总产出价格	资本形成	居民总消费	政府消费	出口	进口
	燃气及水的生产与供应业	0.1494	0.1331	0.0429	−0.0006	UNDF	0.1344	0.1687
	建筑业	0.0095	0.1332	0.0372	−0.3302	UNDF	−0.0058	0.0245
	交通运输及仓储业	−0.4031	0.1386	0.0107	−0.0462	0.3256	−0.4402	−0.2222
	批发零售业	−1.5429	0.3842	−0.4452	−0.4980	UNDF	−2.7277	0.6125
	其他服务业	0.1736	0.0204	0.1493	0.1022	0.6878	0.6106	−0.1790
江苏	农林牧渔业	−0.3816	0.1193	0.0411	−0.0184	0.1565	−0.3419	−0.3886
	煤炭石油天然气开采业	−1.4669	0.3352	−0.1475	−0.2327	UNDF	−2.2733	−1.0237
	金属非金属矿采选业	0.1250	0.1269	0.0362	UNDF	UNDF	0.1348	0.1298
	食品制造及烟草加工业	−0.9551	0.2882	−0.3955	−0.4563	UNDF	−2.6861	0.5382
	纺织业	0.1544	0.1008	0.0687	0.0071	UNDF	0.2685	0.0197
	木材加工、造纸印刷及文教体育用品制造业	−0.1127	0.1578	−0.0106	−0.0753	UNDF	−0.2411	0.1130
	石油加工、炼焦及核燃料加工业	−8.8648	1.6491	−0.7209	−0.7847	UNDF	−16.6651	1.1650
	化学工业	−0.9377	0.3412	−0.1880	−0.2906	UNDF	−1.7717	0.1601
	金属非金属制品业	0.7273	0.0425	0.1093	−0.0123	UNDF	1.0773	0.4316
	通用、专用设备制造业	0.7919	−0.0239	0.2085	0.1294	UNDF	1.4111	0.0101
	交通运输设备制造业	0.0292	0.0802	0.0257	−0.0357	UNDF	0.0104	0.0815

续表

		国内总产出	总产出价格	资本形成	居民总消费	政府消费	出口	进口
	电气机械及器材制造业	1.7984	−0.0864	0.3265	0.2628	UNDF	2.6805	−0.1479
	通信设备、计算机及其他电子设备制造业	−0.0650	0.1217	0.0345	−0.0502	UNDF	−0.0347	0.0632
	仪器仪表及文化办公用机械制造业	−0.1995	0.1307	0.0308	−0.0321	UNDF	−0.2052	0.0125
	其他制造业	0.6636	0.0259	0.1506	0.0569	UNDF	1.0805	0.2140
	电力、热力的生产和供应业	−0.0552	0.1205	0.0425	−0.0226	UNDF	−0.0202	−0.0563
	燃气及水的生产与供应业	−0.3300	0.1706	−0.0029	−0.0643	UNDF	−0.4941	−0.0474
	建筑业	0.1324	0.0627	0.0983	0.0396	UNDF	0.3994	−0.0462
	交通运输及仓储业	−0.0510	0.1769	−0.0121	−0.0705	0.1003	−0.2409	0.1052
	批发零售业	0.0214	0.0824	0.0194	−0.0398	UNDF	−0.0113	0.0699
	其他服务业	0.0898	0.0981	0.0634	0.0049	0.1771	0.2146	0.0171
浙江	农林牧渔业	−0.5617	0.1296	0.0330	−0.1300	0.1346	−0.5627	−0.5549
	煤炭石油天然气开采业	−0.1378	0.1350	0.0273	UNDF	UNDF	−0.1606	−0.1207
	金属非金属矿采选业	−0.0356	0.1420	0.0231	UNDF	UNDF	−0.0861	−0.0035
	食品制造及烟草加工业	−1.7552	0.4555	−0.5778	−0.7315	UNDF	−4.0832	0.6608
	纺织业	0.0991	0.1058	0.0628	−0.0969	UNDF	0.1932	−0.0140
	木材加工、造纸印刷及文教体育用品制造业	−0.5714	0.2041	−0.0708	−0.1939	UNDF	−0.8781	−0.0593

续表

		国内总产出	总产出价格	资本形成	居民总消费	政府消费	出口	进口
	石油加工、炼焦及核燃料加工业	6.0726	−0.9751	0.0793	−0.0541	UNDF	6.8324	−0.2745
	化学工业	−0.3914	0.2036	−0.0444	−0.1934	UNDF	−0.6864	−0.0394
	金属非金属制品业	0.0292	0.1188	0.0473	−0.0509	UNDF	0.0712	0.0137
	通用、专用设备制造业	−0.1055	0.1175	0.0370	−0.1073	UNDF	−0.0582	0.0013
	交通运输设备制造业	−0.3462	0.1390	−0.0300	−0.1849	UNDF	−0.5426	0.1489
	电气机械及器材制造业	0.9564	0.0328	0.1601	0.0037	UNDF	1.3466	−0.0733
	通信设备、计算机及其他电子设备制造业	−0.1735	0.1377	0.0231	−0.1422	UNDF	−0.2070	−0.0035
	仪器仪表及文化办公用机械制造业	−0.0767	0.1212	0.0423	−0.0962	UNDF	−0.0443	−0.0074
	其他制造业	−0.1373	0.1337	0.0253	−0.1393	UNDF	−0.1546	−0.0639
	电力、热力的生产和供应业	−0.1520	0.1418	0.0219	−0.1335	UNDF	−0.2020	−0.0960
	燃气及水的生产与供应业	−0.2979	0.1731	0.0016	−0.1653	UNDF	−0.4720	−0.0823
	建筑业	0.0482	0.1022	0.0603	UNDF	UNDF	0.1566	−0.0103
	交通运输及仓储业	−0.1658	0.1430	0.0159	−0.1481	0.1163	−0.2203	−0.0646
	批发零售业	−0.1321	0.1454	−0.0564	−0.2218	UNDF	−0.4113	0.1607
	其他服务业	−0.0712	0.1421	0.0183	−0.1464	0.1197	−0.1221	−0.0229

续表

		国内总产出	总产出价格	资本形成	居民总消费	政府消费	出口	进口
安徽	农林牧渔业	−1.6277	0.1047	0.0532	−0.2143	0.4014	−1.5310	−1.6493
	煤炭石油天然气开采业	−0.0106	0.0627	0.0956	−0.2430	UNDF	0.2559	−0.1538
	金属非金属矿采选业	0.2751	0.0141	0.1398	UNDF	UNDF	0.7381	0.0000
	食品制造及烟草加工业	−3.4768	0.4108	−0.5653	−0.8756	UNDF	−5.3262	0.2117
	纺织业	−0.1543	0.0979	0.0710	−0.2791	UNDF	−0.0289	−0.3101
	木材加工、造纸印刷及文教体育用品制造业	−0.6986	0.1679	−0.0127	−0.2643	UNDF	−0.8614	−0.4013
	石油加工、炼焦及核燃料加工业	14.6791	−1.2166	0.1990	0.0513	UNDF	17.1177	−0.1932
	化学工业	0.1802	0.0750	0.0829	−0.0522	UNDF	0.3979	−0.0158
	金属非金属制品业	0.3668	0.0175	0.1254	−0.1221	UNDF	0.8164	0.0857
	通用、专用设备制造业	1.0865	−0.0986	0.2730	0.0076	UNDF	2.0122	−0.2549
	交通运输设备制造业	6.6581	−0.5925	0.8361	0.6778	UNDF	9.4933	0.3572
	电气机械及器材制造业	−2.1287	0.2830	−0.1870	−0.4390	UNDF	−2.7274	0.1213
	通信设备、计算机及其他电子设备制造业	−0.4717	0.1749	−0.0186	−0.3341	UNDF	−0.6528	0.6132
	仪器仪表及文化办公用机械制造业	0.3980	0.0576	0.1206	−0.1512	UNDF	0.6862	−0.4089
	其他制造业	−0.7161	0.1659	−0.0207	−0.1612	UNDF	−0.8610	−0.1361
	电力、热力的生产和供应业	−0.0686	0.0903	0.0693	−0.2542	UNDF	0.0873	−0.1513

续表

		国内总产出	总产出价格	资本形成	居民总消费	政府消费	出口	进口
	燃气及水的生产与供应业	−0.1819	0.0901	0.0671	−0.2908	UNDF	−0.0253	−0.2677
	建筑业	0.1059	0.0485	0.1059	−0.2617	UNDF	0.4299	−0.0755
	交通运输及仓储业	0.2695	0.0059	0.1618	−0.1864	0.4949	0.7653	−0.3218
	批发零售业	0.6404	−0.0623	0.2403	−0.0872	UNDF	1.2226	−0.1266
	其他服务业	−0.1631	0.1105	0.0505	−0.3125	0.3518	−0.0880	−0.1938

注：UNDF 表示该行业的初始值为零。

表7-6表明，从行业角度上看，该政策方案下：(1)上海大部分行业的国内总产出均有所增加，其中，食品制造及烟草加工业和农林牧渔业的国内总产出增加最大，分别为9.87%和2.73%，但是石化能源行业，即煤炭石油天然气开采业、石油加工炼焦及核燃料加工业大幅下降，降幅分别为7.02%和7.46%，从而导致上海的CO_2排放量大幅下降；(2)江苏各个行业的国内总产出有正有负，其中，煤炭石油天然气开采业、石油加工炼焦及核燃料加工业、燃气及水的生产与供应业的国内总产出分别下降1.47%、8.86%和0.33%，从而使得江苏的CO_2排放总量有所减少；(3)浙江大部分行业的国内总产出有所减少，但石化能源行业的产出增减不一，其中，煤炭石油天然气开采业、燃气及水的生产与供应业的国内总产出分别下降0.14%和0.9%，石油加工炼焦及核燃料加工业的国内产出大幅增加6.07%，但由于浙江的石油加工炼焦及核燃料加工业在其石化能源中的占比较少，总体依然使得浙江石化能源消耗量减少，从而使得浙江的CO_2排放总量有所降低；(4)安徽大部分行业的国内总产出均有所增加，其中，石化能源行业增减不一，即煤炭石油天然气开采业、燃气及水的生产与供应业分别略微减少0.01%和0.18%，但石油加工炼焦及核燃料加工业的国内产出大幅增加14.67%，从而使得安徽石化能源总消耗量有所增加，进而使得安徽的CO_2排放总量有所上升。

表7-6还显示，该政策下，长三角区域(上海、浙江、江苏、安徽)的行业价格绝大部分有所上升，这是因为消费税税率上调使得企业生产成本有所加大，根据间接税负担理论，企业会通过提高产品价格，利用“后转”方式，将部分成本转嫁给消费者，从而使得行业产品价格有所上升。从消费来看，上海、浙江、江苏和安徽的居民在大部分行业的消费有所减少，而政府的所有行业消费均有所上升，这主要是因为消费税使得企业利润减少，从而使得居民收入下降，所以居民压缩开支，减少不必要的消费；而该政策下，上海、浙江、江苏和安徽的政府收入均有所增加，从而使得政府消费均有所上升。

7.4 其他间接税的碳解锁联动效应模拟

7.4.1 其他间接税变化的区域联动效应模拟

其他间接税是指除了上文所论述的增值税、营业税和消费税外的间接税，主要包括城市维护建设税、经营性房产税、城镇土地使用税、土地增值税、耕地占用税、契税、车船税、车辆购置税等，为方便起见，下文统一将其合并为其他间接税。

假设增加企业其他间接税税率，将现有其他间接税税率增加5%，即roth(i)=1.05 * roth0(i)，roth0(i)为行业原其他间接税税率，roth(i)为变动后的行业其他间接税税率，其他条件不变，模拟对长三角区域（上海、江苏、浙江、安徽）生产总值、产业结构、居民收入和居民消费、政府收入和政府消费、进出口、社会福利、CO_2 排放等宏观经济变量的影响，模拟结果如表7-7所示。

表7-7 其他间接税变化的地区联动效应模拟结果

	变量名称	增长率(%)		变量名称	增长率(%)
全国	实际GDP	−0.0287	全国	第二产业增加值	0.1164
	名义GDP	0.2283		第三产业增加值	0.3178
	GDP平减指数	0.2570		CO_2 排放总量	−0.0256
	第一产业增加值	0.7333		CO_2 排放强度	−0.2533
上海	地区实际GDP	0.1890	浙江	地区实际GDP	−0.2658
	地区名义GDP	0.3305		地区名义GDP	0.0677
	地区GDP平减指数	0.1412		地区GDP平减指数	0.3344
	固定资产总投资	−0.1733		固定资产总投资	−0.2790
	进口	−1.0026		进口	−0.5338
	出口	−0.2099		出口	−0.5628
	省内调入	−0.2352		省内调入	−0.2102
	省内调出	−0.2512		省内调出	−0.4149
	居民名义总收入	0.0523		居民名义总收入	−0.1520
	居民总储蓄	0.0523		居民总储蓄	−0.1520
	增值税	−0.4539		增值税	−0.4762
	营业税	0.6549		营业税	0.0835

续表

	变量名称	增长率（%）		变量名称	增长率（%）
	消费税	0.6131		消费税	0.0570
	其他间接税	4.8988		其他间接税	4.7966
	关税	−0.6566		关税	−0.1290
	居民个人所得税	0.0523		居民个人所得税	−0.1520
	企业所得税	−0.1250		企业所得税	−0.1250
	政府总收入	1.0305		政府总收入	1.0894
	地区 CO_2 排放总量	0.6777		地区 CO_2 排放总量	−0.4311
	地区 CO_2 排放强度	0.3460		地区 CO_2 排放强度	−0.4985
江苏	地区实际 GDP	−0.1169	安徽	地区实际 GDP	0.5552
	地区名义 GDP	0.1540		地区名义 GDP	0.7346
	地区 GDP 平减指数	0.2712		地区 GDP 平减指数	0.1784
	固定资产总投资	−0.2212		固定资产总投资	−0.2096
	进口	−0.5826		进口	−0.1815
	出口	−0.3466		出口	−0.5914
	省内调入	−0.1868		省内调入	0.1244
	省内调出	−0.4368		省内调出	1.1650
	居民名义总收入	−0.1021		居民名义总收入	0.6113
	居民总储蓄	−0.1021		居民总储蓄	0.6113
	增值税	−0.3198		增值税	0.0085
	营业税	0.2678		营业税	0.5582
	消费税	0.0848		消费税	1.7245
	其他间接税	4.9074		其他间接税	5.3079
	关税	−0.2012		关税	0.1880

续表

	变量名称	增长率（%）		变量名称	增长率（%）
	居民个人所得税	−0.1021		居民个人所得税	0.6113
	企业所得税	−0.1250		企业所得税	−0.1250
	政府总收入	1.1099		政府总收入	1.6179
	地区 CO_2 排放总量	−0.2826		地区 CO_2 排放总量	0.1822
	地区 CO_2 排放强度	−0.4359		地区 CO_2 排放强度	−0.5483
全国社会福利总水平变动量（VALUE值）：−3298.13					

表7-7显示，在长三角区域内增加企业其他间接税税率，将现有其他间接税税率增加5%，其他条件不变的假设条件下，我国名义实际GDP增加0.22个百分点，而实际GDP将略微减少0.03个百分点，说明该政策虽然不利于我国的经济增长，但是影响甚微，几乎可以忽略不计；从产业来看，第一产业、第二产业和第三产业增加值分别增加0.73个百分点、0.12个百分点和0.32个百分点，由于第一产业和第三产业的增幅相对较大，从而使得第二产业在GDP中的比重有所降低，而第一产业和第三产业在GDP中的比例将有所上升，且第一产业和第三产业是吸纳我国就业的主要部门，因此该政策总体有利于我国的产业结构优化，有利于解决我国的就业问题；另外，该政策下，CO_2 排放总量及 CO_2 排放强度均有所下降，说明该政策有利于我国的节能减排。还有，GDP平减指数上升0.26%，由于该政策增加了企业生产成本，从而使得产品的销售价格上升，最终使得总体价格水平有所增加，说明该政策不利于减缓和抑制我国通货膨胀压力。

分区域来看，上海、江苏、浙江、安徽的实际GDP增速分别变动0.19个百分点、−0.12个百分点、−0.27个百分点和0.56个百分点，说明该政策有利于上海和安徽的经济增长，而不利于浙江和江苏的经济增长。原因在于，该政策增加了企业生产成本（尤其是中低端制造业），使得上海和安徽的产业优势相对浙江和江苏有所增强，进而使得区域内的劳动力与资金向上海和安徽流动，造成区域经济增长趋势分化。

从贸易上看，该政策下，长三角区域（上海、江苏、浙江、安徽）出口分别下降0.21个百分点、0.35个百分点、0.56个百分点和0.59个百分点，说明该政策不利于长三角区域的出口贸易。原因在于，由于企业其他间接税税率增加，使得企业生产成本上升，从而使得企业产品价格上涨，进而降低了企业产品价格的国际竞争力，造成出口减少。相对而言，该政策更不利于安徽的出口贸易，也说明安徽省的出口产品价格对生产成本变动较为敏感，或者可以理解为安徽生产企业的利润空间相对较少。

从居民收入上看，长三角区域（上海、浙江、江苏、安徽）的居民名义收入分别变动 0.05 个百分点、-0.15 个百分点、-0.10 个百分点和 0.61 个百分点，但上海、浙江、江苏和安徽的 GDP 平减指数分别上升 0.14 个百分点、0.33 个百分点、0.27 个百分点和 0.18 个百分点。这意味着，上海、江苏和浙江的居民实际收入变动率为负值，仅有安徽的居民实际收入变动为正，这与安徽的产业结构及其需求弹性有关。另外，该政策下，上海、江苏、浙江和安徽的地方政府总收入分别增加了 1.03 个百分点、1.11 个百分点、1.09 个百分点和 1.62 个百分点，说明该政策使得地方政府收入有所增加；值得注意的是，该政策下，上海、江苏、浙江和安徽的企业所得税税率均有所下降，分别减少 0.23 个百分点、0.57 个百分点、0.41 个百分点和 0.26 个百分点，由于企业所得税直接取决于企业总利润，企业所得税减少意味着企业总利润下降，说明该政策增加了企业实际负担，使得企业总利润下降，这对长三角区域的经济转型、结构调整、产业升级均会产生不利影响，从而影响长三角区域经济的长远发展。另外，该政策下，全国社会总福利减少 3 298.1 亿元，说明该政策总体不利于提高我国的社会总福利。

最后，着重分析在不同水平的其他间接税条件下，长三角区域（上海、浙江、江苏、安徽）CO_2 排放量及排放强度变化情形，结果如图 7-4 所示。

图 7-4 表明，随着其他间接税税率的增加，上海的 CO_2 排放总量和排放强度均呈现不断上升的发展态势，但边际变化量逐渐减少，这一方面说明，增加企业其他间接税税率会使得企业的劳动力成本和资本成本相对上升，而中间投入（包含石化能源）成本相对下降，又因为模型假设中间投入与要素（劳动力和资金）投入存在替代效应，所以企业选择减少要素投入而增加中间投入，使得石化能源投入不断增加，进而导致 CO_2 排放总量上升；另一方面，CO_2 排放总量和排放强度的边际变化量下降，说明其他间接税税率对 CO_2 排放量的影响是非线性的，其边际效应不断减弱，且呈现非线性发展趋势。

随着其他间接税税率的增加，江苏和浙江的 CO_2 排放总量和排放强

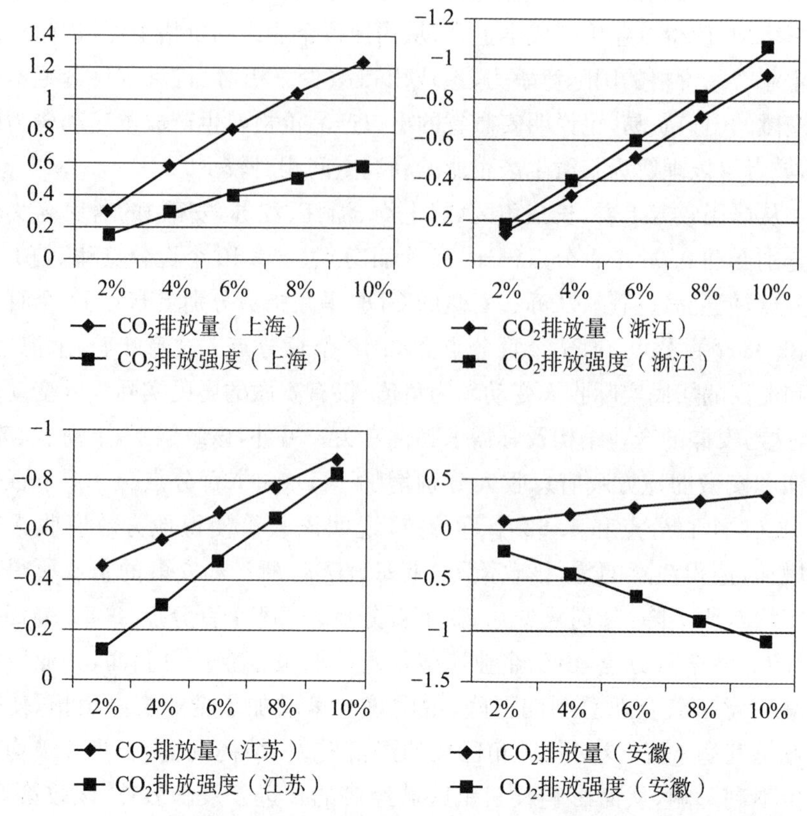

图 7-4　其他间接税条件下不同区域 CO_2 排放量及排放强度变化趋势

度均呈现不断下降的发展态势，其中 CO_2 排放总量的边际变化量逐渐减少，说明相对于上海而言，江苏和浙江企业对其他间接税较为敏感，企业竞争力相对较弱。当在长三角区域统一实施其他间接税改革时，江苏和浙江的劳动力与资本向其他区域转移，替代效应不能覆盖要素流失效应，从而导致江苏和浙江的石化能源使用减少，进而使得江苏和浙江的 CO_2 排放总量和排放强度均呈现下降的发展趋势。

随着其他间接税税率的增加，安徽的 CO_2 排放总量呈现不断上升的发展态势，但边际变化量逐渐减少，这一方面说明，增加企业其他间接税税率会使得企业的劳动力成本和资本成本相对上升，而中间投入（包含石化能源）成本相对下降，又因为模型假设中间投入与要素（劳动力和资金）投入存在替代效应，所以企业选择减少要素投入而增加中间投入，但其他间接税上调的范围还没有达到其临界值，使得石化能源投入不断增加，进而导致 CO_2 排放总量上升；另一方面，CO_2 排放强度呈现不断下滑的发展趋势,说明其他间接税税率上调的范围还未超过安徽 CO_2 排放强度的临界值,但其他间接税税率对 CO_2 排放量的影响是非线性的,其边际效应不断减弱,且呈现非线性发展趋势。

7.4.2 其他间接税税率变化的行业效应模拟

由于长三角不同省市的经济结构和产业结构不同,产业竞争优势也存在差异,下面分析其他间接税税率变化对长三角不同省市的行业影响效应的差异,结果如表 7-8 所示。

表 7-8 显示,从行业角度上看,该政策方案下:(1)上海大部分行业的国内总产出均有所增加,其中,煤炭石油天然气开采业、石油加工炼焦及核燃料加工业、燃气及水的生产与供应业的国内总产出均有所增加,分别为 3.09%、3.28%和 0.39%,从而使得上海的 CO_2 排放总量有所上升;(2)江苏大部分行业的国内总产出均有所下降,其中,煤炭石油天然气开采业、石油加工炼焦及核燃料加工业、燃气及水的生产与供应业的国内总产出分别变化为—0.29%、—0.02%和 0.46%,由于江苏的燃气在其总石化能源中占比较小,使得江苏的石化能源消耗量有所下降,进而使得江苏的 CO_2 排放总量有所减少;(3)浙江大部分行业的国内总产出有所减少,但石化能源行业的产出总体有所增加,其中,煤炭石油天然气开采业、石油加工炼焦及核燃料加工业、燃气及水的生产与供应业的国内总产出变化分别为—0.35%、0.37%和—0.12%,由于浙江的石油加工、炼焦及核燃料加工业占比较小,因此浙江的石化能源消耗总量有所下降,进而使得浙江的 CO_2 排放总量有所下降;(4)安徽各行业的国内总产出有增有减,其中,石化能源行业均有所上升,煤炭石油天然气开采业、石油加工炼焦及核燃料加工业、燃气及水的生产与供应业的国内总产出分别增加 0.05%、0.90%和 4.98%,从而使得安徽的 CO_2 排放总量有所上升。

表 7-8 还显示,在该政策下,长三角区域(上海、浙江、江苏、安徽)的行业价格绝大部分有所上升,这是因为其他间接税税率上调使得企业生产成本有所加大,根据间接税负担理论,企业会通过提高产品价格,利用“后转”方式,将部分成本转嫁给消费者,从而使得行业产品价格有所上升。从消费来看,浙江和江苏居民在大部分行业的消费有所减少,这主要是因为其他间接税税率上调使得企业总利润减少,从而使得居民收入下降,所以居民压缩开支,减少不必要的消费;而该政策下,上海、浙江、江苏和安徽的政府收入均有所增加,从而使得政府消费均有所上升。

表 7-8 其他间接税税率变化对长三角不同省市的行业影响差异(%)

		国内总产出	总产出价格	资本形成	居民总消费	政府消费	出口	进口
上海	农林牧渔业	0.4754	0.0878	-0.0554	-0.0607	0.9346	1.6896	-0.3196
	煤炭石油天然气开采业	**3.0904**	-0.6353	0.4108	UNDF	UNDF	6.4453	1.3050
	金属非金属矿采选业	-0.2638	0.2128	-0.2592	UNDF	UNDF	0.0664	-0.4379
	食品制造及烟草加工业	0.8455	-0.0426	-0.1807	-0.2749	UNDF	1.4856	0.2734
	纺织业	-1.9861	0.2985	-0.2679	-0.2552	UNDF	-1.9216	-0.8303
	木材加工、造纸印刷及文教体育用品制造业	-5.2415	0.6790	-0.8228	-0.8515	UNDF	-6.6112	-0.1521
	石油加工、炼焦及核燃料加工业	**3.2827**	-0.1870	-0.0671	-0.1072	UNDF	5.4583	0.0680
	化学工业	1.3544	-0.0519	0.0210	0.0074	UNDF	2.7028	-0.3498
	金属非金属制品业	0.8531	0.0324	-0.0570	-0.0669	UNDF	2.0550	-0.6620
	通用、专用设备制造业	-2.8696	0.3779	-0.4988	-0.4984	UNDF	-3.1019	-0.7105
	交通运输设备制造业	-1.1078	0.2372	-0.3021	-0.2836	UNDF	-0.7681	-0.5228
	电气机械及器材制造业	**4.9030**	-0.3236	0.5805	0.5609	UNDF	7.8344	-1.4037
	通信设备、计算机及其他电子设备制造业	-2.8314	0.3834	-0.3270	-0.3286	UNDF	-2.7748	-1.6911
	仪器仪表及文化办公用机械制造业	-1.7137	0.3593	-0.3684	-0.3710	UNDF	-1.8198	-0.0786
	其他制造业	1.6046	-0.0180	0.0780	0.0981	UNDF	3.1414	-0.5134
	电力、热力的生产和供应业	0.2324	0.0238	-0.0890	-0.0943	UNDF	1.6148	-0.5235

续表

		国内总产出	总产出价格	资本形成	居民总消费	政府消费	出口	进口
	燃气及水的生产与供应业	**0.3933**	0.1164	−0.1546	−0.1593	UNDF	1.4426	−0.1939
	建筑业	−0.0237	0.1388	−0.1847	0.3677	UNDF	0.6542	−0.4002
	交通运输及仓储业	1.0894	0.0337	0.0387	0.0088	1.0587	2.4000	−0.4763
	批发零售业	−0.9936	0.1892	−0.6353	−0.6294	UNDF	−1.6488	0.4825
	其他服务业	0.7853	−0.0958	0.1249	0.1138	1.1042	2.5389	−0.6371
江苏	农林牧渔业	−0.0774	0.0700	−0.0104	−0.1622	1.0425	1.2536	−0.9015
	煤炭石油天然气开采业	−0.2941	0.1018	−0.3364	−0.4457	UNDF	−0.3221	−0.2721
	金属非金属矿采选业	−0.3637	0.1871	−0.3308	UNDF	UNDF	−0.3470	−0.3373
	食品制造及烟草加工业	0.0958	0.0664	−0.1247	−0.2799	UNDF	0.9880	−0.5521
	纺织业	−0.7310	0.2811	−0.3438	−0.4901	UNDF	−0.6946	−0.5951
	木材加工、造纸印刷及文教体育用品制造业	−0.2070	0.2080	−0.2820	−0.3998	UNDF	0.0271	−0.3327
	石油加工、炼焦及核燃料加工业	−0.0245	0.1676	−0.2468	−0.4021	UNDF	0.5309	−0.5011
	化学工业	−0.6899	0.3108	−0.3730	−0.4226	UNDF	−0.7812	−0.3714
	金属非金属制品业	−0.1185	0.2282	−0.2782	−0.2770	UNDF	0.1384	−0.2435
	通用、专用设备制造业	−0.1758	0.2144	−0.2665	−0.3650	UNDF	0.1477	−0.3551
	交通运输设备制造业	0.1470	0.1683	−0.1525	−0.3022	UNDF	0.8647	−0.5003

续表

		国内总产出	总产出价格	资本形成	居民总消费	政府消费	出口	进口
	电气机械及器材制造业	0.7897	0.1387	-0.1069	-0.2540	UNDF	1.5600	-0.5291
	通信设备、计算机及其他电子设备制造业	-1.3480	0.3603	-0.3328	-0.4260	UNDF	-1.2470	-0.9108
	仪器仪表及文化办公用机械制造业	-0.7981	0.2921	-0.3393	-0.4073	UNDF	-0.8066	-0.2490
	其他制造业	0.1571	0.1321	-0.1344	-0.2033	UNDF	0.8816	-0.5794
	电力、热力的生产和供应业	-0.2269	0.1604	-0.1600	-0.3140	UNDF	0.5534	-0.6748
	燃气及水的生产与供应业	0.4612	-0.0533	-0.0064	-0.1575	UNDF	1.9695	-0.9223
	建筑业	-0.2458	0.2208	-0.2401	-0.3980	UNDF	0.1631	-0.4544
	交通运输及仓储业	-0.0064	0.0808	-0.0925	-0.2516	0.9582	0.9750	-0.7198
	批发零售业	-0.6857	0.1416	-0.5565	-0.7125	UNDF	-1.3610	0.0063
	其他服务业	0.3832	-0.0393	0.0229	-0.1360	1.0747	1.8316	-0.5283
浙江	农林牧渔业	-0.0910	0.0986	-0.0475	-0.2517	0.9845	1.1113	-0.8030
	煤炭石油天然气开采业	-0.3520	0.1659	-0.2092	UNDF	UNDF	0.2107	-0.6622
	金属非金属矿采选业	-0.5700	0.2674	-0.2477	UNDF	UNDF	-0.1938	-0.7695
	食品制造及烟草加工业	0.0225	0.1321	-0.1836	-0.3572	UNDF	0.6619	-0.4467
	纺织业	-0.0294	0.2277	-0.2051	-0.3694	UNDF	0.3709	-0.5703
	木材加工、造纸印刷及文教体育用品制造业	-1.3109	0.4264	-0.5054	-0.6054	UNDF	-1.7760	-0.4223

续表

		国内总产出	总产出价格	资本形成	居民总消费	政府消费	出口	进口
	石油加工、炼焦及核燃料加工业	0.3698	0.1638	−0.2572	−0.4066	UNDF	0.8363	−0.6187
	化学工业	−0.9458	0.3873	−0.4166	−0.5703	UNDF	−1.2343	−0.5353
	金属非金属制品业	−0.6061	0.3129	−0.3033	−0.3950	UNDF	−0.5369	−0.5925
	通用、专用设备制造业	1.8208	0.0459	−0.0024	−0.0700	UNDF	2.8564	−0.6097
	交通运输设备制造业	−0.0587	0.2657	−0.2257	−0.4044	UNDF	0.3247	−0.5208
	电气机械及器材制造业	−3.2408	0.5700	−0.6436	−0.8198	UNDF	−4.1245	−0.1399
	通信设备、计算机及其他电子设备制造业	−1.8638	0.4752	−0.4146	−0.6153	UNDF	−2.1677	−0.7640
	仪器仪表及文化办公用机械制造业	−0.5319	0.3098	−0.3062	−0.4659	UNDF	−0.4221	−0.4208
	其他制造业	−0.5595	0.3240	−0.3151	−0.4558	UNDF	−0.4490	−0.5240
	电力、热力的生产和供应业	−0.2837	0.1997	−0.1626	−0.3549	UNDF	0.4754	−0.7172
	燃气及水的生产与供应业	−0.1213	0.1697	−0.1488	−0.3452	UNDF	0.7753	−0.7312
	建筑业	−0.4216	0.3124	−0.3503	UNDF	UNDF	−0.5652	−0.3317
	交通运输及仓储业	−0.4735	0.1928	−0.2403	−0.4468	0.7899	−0.1069	−0.7311
	批发零售业	−0.9750	0.2744	−0.7076	−0.9081	UNDF	−2.1338	0.2292
	其他服务业	0.0836	0.0742	−0.1017	−0.3085	0.9290	1.0422	−0.5081

续表

		国内总产出	总产出价格	资本形成	居民总消费	政府消费	出口	进口
安徽	农林牧渔业	2.0153	−0.0227	0.1322	0.4806	1.5965	3.7597	0.4332
	煤炭石油天然气开采业	0.0479	0.0590	−0.3627	0.1191	UNDF	−0.0734	0.1246
	金属非金属矿采选业	−0.1929	0.1606	−0.3074	UNDF	UNDF	−0.0818	−0.2230
	食品制造及烟草加工业	3.5111	−0.2804	0.3607	0.7792	UNDF	6.0291	−0.4082
	纺织业	−3.5638	0.5075	−0.5804	−0.0637	UNDF	−4.2602	−0.8647
	木材加工、造纸印刷及文教体育用品制造业	1.5330	−0.0468	0.0167	0.3415	UNDF	2.9903	0.0188
	石油加工、炼焦及核燃料加工业	0.9023	0.1569	−0.2615	−0.3065	UNDF	1.4546	0.4810
	化学工业	1.7267	−0.0974	0.0733	0.0960	UNDF	3.4872	−0.2537
	金属非金属制品业	−0.1670	0.2295	−0.3199	−0.0410	UNDF	−0.1343	−0.1514
	通用、专用设备制造业	−0.0765	0.2207	−0.3064	0.0311	UNDF	0.1360	0.0831
	交通运输设备制造业	−3.5554	0.5859	−0.6770	−0.5761	UNDF	−4.5217	−0.4420
	电气机械及器材制造业	1.6527	0.0545	−0.0580	0.2251	UNDF	2.7111	−0.3936
	通信设备、计算机及其他电子设备制造业	−1.3148	0.3566	−0.3631	0.0643	UNDF	−1.3699	−0.4192
	仪器仪表及文化办公用机械制造业	−3.8465	0.7854	−0.9497	−0.5890	UNDF	−5.8267	2.3531
	其他制造业	−4.7984	0.7782	−0.9676	−0.9184	UNDF	−6.5063	0.8275
	电力、热力的生产和供应业	0.1416	0.1876	−0.2138	0.2327	UNDF	0.6784	−0.1431

续表

		国内总产出	总产出价格	资本形成	居民总消费	政府消费	出口	进口
	燃气及水的生产与供应业	4.9822	−0.4783	0.4160	0.9525	UNDF	8.6122	−0.8404
	建筑业	−0.1677	0.1967	−0.2255	0.3267	UNDF	0.3004	−0.4198
	交通运输及仓储业	1.2144	0.0086	−0.0229	0.4814	1.4359	2.4538	−0.1535
	批发零售业	0.0328	−0.0360	−0.2855	0.1806	UNDF	0.3024	−0.0451
	其他服务业	0.8276	−0.0876	0.0942	0.6379	1.3175	2.6241	−0.3751

注：UNDF 表示该行业的初始值为零。

7.5 征收碳税的碳解锁联动效应模拟

7.5.1 征收碳税的区域联动效应模拟

假设对石化能源行业(煤炭石油采掘业、石油精炼加工业、天然气供应业)征收碳税，通过石化能源行业的间接税税率内生，从而控制 CO_2 排放总量，使得 CO_2 排放总量每年平均下降 5%，其他条件不变，模拟对长三角区域(上海、江苏、浙江、安徽)生产总值、产业结构、居民收入、居民消费、政府收入、政府消费、进出口、社会福利、CO_2 排放等宏观经济变量的影响，模拟结果如表 7－9 所示。

表 7－9　征收碳税的地区联动效应模拟结果

	变量名称	增长率(%)		变量名称	增长率(%)
全国	实际 GDP	－0.3526	全国	第二产业增加值	－0.0812
	名义 GDP	0.3018		第三产业增加值	0.9974
	GDP 平减指数	0.6556		CO_2 排放总量	－5.0000
	第一产业增加值	－2.1584		CO_2 排放强度	－5.2950
上海	地区实际 GDP	1.5284	浙江	地区实际 GDP	－0.5852
	地区名义 GDP	1.5832		地区名义 GDP	0.0412
	地区 GDP 平减指数	0.0544		地区 GDP 平减指数	0.6282
	固定资产总投资	0.3180		固定资产总投资	－0.3674
	进口	－1.1396		进口	－1.3126
	出口	－0.1654		出口	－2.1816
	省内调入	－0.4298		省内调入	－1.0850
	省内调出	－0.1052		省内调出	－0.3412
	居民名义总收入	1.3166		居民名义总收入	－0.3120

续表

	变量名称	增长率（%）		变量名称	增长率（%）
	居民总储蓄	1.316 6		居民总储蓄	−0.312 0
	关税	−0.736 6		关税	−0.558 6
	居民个人所得税	1.316 6		居民个人所得税	−0.312 0
上海	企业所得税	0.172 8	浙江	企业所得税	−0.353 7
	政府总收入	2.032 8		政府总收入	1.594 4
	地区 CO_2 排放总量	−2.320 0		地区 CO_2 排放总量	−1.943 2
	地区 CO_2 排放强度	−3.872 6		地区 CO_2 排放强度	−1.984 0
	地区实际 GDP	−0.169 0		地区实际 GDP	−3.164 0
	地区名义 GDP	0.528 6		地区名义 GDP	−1.741 4
	地区 GDP 平减指数	0.698 2		地区 GDP 平减指数	1.445 4
	固定资产总投资	0.268 8		固定资产总投资	−0.316 8
	进口	−1.316 2		进口	−0.966 6
	出口	−1.926 0		出口	−1.781 0
江苏	省内调入	1.906	安徽	省内调入	0.490 0
	省内调出	1.736 2		省内调出	−1.643
	居民名义总收入	0.493 0		居民名义总收入	−2.135 0
	居民总储蓄	0.493 0		居民总储蓄	−2.135 0
	关税	1.600 6		关税	1.463 4
	居民个人所得税	0.493 0		居民个人所得税	−2.135 0
	企业所得税	−0.520 7		企业所得税	−1.103 6
江苏	政府总收入	0.625 2	安徽	政府总收入	0.293 8
	地区 CO_2 排放总量	−7.871 2		地区 CO_2 排放总量	−5.467 4
	地区 CO_2 排放强度	−8.377 6		地区 CO_2 排放强度	−3.758 8
全国社会福利总水平变动量（VALUE 值）：−9 492.8					

表7-9显示，在长三角区域内对石化能源行业（煤炭石油采掘业、石油精炼加工业、天然气供应业）征收碳税，使得CO_2排放总量每年平均下降5%，其他条件不变的假设条件下，我国名义实际GDP增加0.30个百分点，而实际GDP减少0.35个百分点，说明该政策不利于我国的经济增长；从产业来看，第一产业和第二产业增加值分别减少2.16个百分点和0.08个百分点，而第三产业增加值增加0.99个百分点，说明该政策虽然不利于第一产业和第二产业的发展，但是却有利于第三产业的发展，而第三产业目前已经成为我国吸纳就业的主要行业，因此该政策总体有利于我国的产业结构优化，有利于解决我国的就业问题；另外，该政策下，CO_2排放总量达到预定目标，CO_2排放强度也下降5.29%，说明该政策有利于我国的节能减排，有利于提高我国能源利用效率。还有，GDP平减指数上升0.66个百分点，原因在于该政策增加了企业生产成本，从而使得产品的销售价格上升，最终使得总体价格水平有所增加，说明该政策不利于减缓和抑制我国通货膨胀压力。

分区域来看，上海的实际GDP增长0.76%，而江苏、浙江、安徽的实际GDP分别下降0.08个百分点、0.29个百分点和1.58个百分点，说明该政策有利于上海的经济增长，而不利于浙江、江苏和安徽的经济增长。原因在于，该政策增加了企业的生产成本，尤其是中低端制造业企业的生产成本，使得上海的产业优势相对浙江、江苏和安徽有所增强，进而使得区域内的劳动力与资金向上海流动，造成区域经济增长趋势分化。

从贸易上看，该政策下，长三角区域（上海、江苏、浙江、安徽）出口将分别下降0.16个百分点、1.92个百分点、2.18个百分点和1.78个百分点，说明该政策不利于长三角区域的出口贸易。原因在于，由于碳税征收使得企业生产成本上升，从而使得企业产品价格上涨，进而降低了企业产品价格的国际竞争力，造成产品出口减少。相对而言，该政策更不利于浙江和江苏的出口贸易，也说明江苏和浙江的出口产品价格对生产成本变动较为敏感，或者可以理解为江苏和浙江生产企业的利润空间相对较少。

从居民收入上看，长三角区域（上海、江苏、浙江、安徽）的居民名义收入分别变动1.32个百分点、0.49个百分点、−0.31个百分点和−2.13个百分点，但上海、江苏、浙江和安徽的GDP平减指数分别上升0.05个百分点、0.69个百分点、0.63个百分点和1.44个百分点。这意味着，除上海外，江苏、浙江和安徽的居民实际收入变动率为负值。另外，该政策下，上海、江苏、浙江和安徽的地方政府总收入分别增加了2.03个百分点、0.62个百分点、1.59个百分点和0.29个百分点，说明该政策使得地方政府收入有所增加；值得注意的是，该政策下，除上海外，江苏、浙江和安徽的企业所得税均有所下降，分别减少0.52个百分点、0.35个百分点和1.10个百分点，由于企业所得税直接取决于企业总利润，企业所得税减少意味着企业总利润下降，说明该政策增加了企业实际负担，使得企业总利润下降，这对长三角区域的区域经济平衡、产业结构调整优化等均会产生不利影响，从而影响长三角区域经济的长远发展。另外，该政策下，全国社会总福利减少9492.8亿元，说明该政策总体不利于提高我国的社会总福利。

7.5.2　征收碳税的行业影响效应模拟

由于长三角不同省市的经济结构和产业结构不同，产业竞争优势也存在差异，下面分析征收碳税对长三角不同省市的行业效应，结果如表7-10所示。

表7-10显示，从行业角度上看，该政策方案下：(1)上海各行业的国内总产出增减不一，其中，石化能源行业产出均有所下降，煤炭石油天然气开采业、石油加工炼焦及核燃料加工业、燃气及水的生产与供应业的国内总产出分别减少59.69%、63.02%和1.19%，从而使得上海的CO_2排放总量大幅下降；(2)江苏各行业的国内总产出也有增有减，其中，煤炭石油天然气开采业、石油加工炼焦及核燃料加工业、燃气及水的生产与供应业的国内总产出变动分别为－17.15%、－85.89%和12.99%，从而使得江苏的CO_2排放总量大幅下降；(3)浙江大部分行业的国内总产出有所减少，其中，煤炭石油天然气开采业、石油加工炼焦及核燃料加工业、燃气及水的生产与供应业的国内总产出变动分别为－2.44%、－4.57%和1.93%，从而使得浙江的CO_2排放总量大幅下降；(4)安徽各行业的国内总产出增减不一，其中，煤炭石油天然气开采业、石油加工炼焦及核燃料加工业、燃气及水的生产与供应业的国内总产出变动分别为－6.70%、－3.75%和26.99%，从而使得安徽的CO_2排放总量大幅下降。

表7-10还显示，该政策下，长三角区域(上海、浙江、江苏、安徽)的行业价格绝大部分有所上升，这是因为碳税征收使得企业生产成本有所加大，根据间接税负担理论，企业会通过提高产品价格，利用“后转”方式，将部分成本转嫁给消费者，从而使得行业产品价格有所上升。从消费来看，除上海外，浙江、江苏和安徽的居民在大部分行业的消费有所减少，而政府的所有行业消费均有所上升，这主要是因为碳税征收使得企业利润减少，从而使得居民收入下降，所以居民压缩开支，减少不必要的消费；而该政策下，上海、浙江、江苏和安徽的政府收入均有所增加，从而使得政府消费均有所上升。

表 7 - 10　征收碳税对长三角不同省市的行业影响差异(%)

		国内总产出	总产出价格	资本形成	居民总消费	政府消费	出口	进口
上海	农林牧渔业	−1.786	0.262	−0.054	1.014	1.627	−0.253	−2.802
	煤炭石油天然气开采业	−59.686	16.630	−17.276	UNDF	UNDF	86.733	−27.741
	金属非金属矿采选业	−0.617	0.829	−0.563	UNDF	UNDF	−1.332	−0.221
	食品制造及烟草加工业	−6.527	1.511	−1.548	−1.233	UNDF	−9.817	0.760
	纺织业	−5.231	0.663	−0.436	0.412	UNDF	−5.287	−2.089
	木材加工、造纸印刷及文教体育用品制造业	−20.808	2.348	−2.588	−1.681	UNDF	−26.753	−0.663
	石油加工、炼焦及核燃料加工业	−63.025	7.368	−6.411	−5.688	UNDF	−99.743	12.115
	化学工业	−2.908	0.868	−0.637	0.029	UNDF	−3.769	−1.710
	金属非金属制品业	1.690	0.062	0.126	0.896	UNDF	4.066	−1.543
	通用、专用设备制造业	−10.253	1.089	−1.171	−0.173	UNDF	−11.913	−2.495
	交通运输设备制造业	−4.676	0.714	−0.610	−0.124	UNDF	−4.932	−0.846
	电气机械及器材制造业	17.603	−1.576	2.668	3.165	UNDF	27.526	−4.433
	通信设备、计算机及其他电子设备制造业	−5.873	0.647	−0.400	0.610	UNDF	−5.868	−2.303
	仪器仪表及文化办公用机械制造业	−5.381	0.727	−0.535	0.361	UNDF	−5.687	−1.561
	其他制造业	3.373	−0.126	0.471	1.050	UNDF	6.542	−1.447
	电力、热力的生产和供应业	0.398	0.602	−0.362	0.706	UNDF	0.582	0.299

续表

		国内总产出	总产出价格	资本形成	居民总消费	政府消费	出口	进口
	燃气及水的生产与供应业	−1.198	1.138	−0.875	0.186	UNDF	−4.685	0.925
	建筑业	0.587	0.179	−0.036	−2.413	UNDF	2.474	−0.509
	交通运输及仓储业	−1.789	0.919	−0.752	0.070	0.304	−2.857	−0.046
	批发零售业	17.369	−3.095	5.761	6.738	UNDF	34.377	−10.462
	其他服务业	2.691	−0.329	0.674	1.682	2.406	6.690	−0.795
江苏	农林牧渔业	−0.624	0.327	−0.078	0.182	0.308	0.657	−1.470
	煤炭石油天然气开采业	−17.153	3.580	−7.085	−7.020	UNDF	−43.195	−1.222
	金属非金属矿采选业	−0.343	1.047	−0.767	UNDF	UNDF	−1.921	0.649
	食品制造及烟草加工业	−0.600	0.488	−0.245	−0.013	UNDF	0.038	−1.111
	纺织业	0.599	0.508	−0.201	0.040	UNDF	1.163	−0.308
	木材加工、造纸印刷及文教体育用品制造业	−1.162	0.963	−0.783	−0.473	UNDF	−2.403	0.541
	石油加工、炼焦及核燃料加工业	−85.892	21.316	−9.397	−9.189	UNDF	−140.132	14.582
	化学工业	−10.281	3.114	−2.865	−2.747	UNDF	−19.326	1.305
	金属非金属制品业	5.139	0.306	−0.104	−0.214	UNDF	6.544	3.842
	通用、专用设备制造业	6.315	−0.485	0.957	1.100	UNDF	11.044	−0.142
	交通运输设备制造业	2.817	−0.181	0.498	0.734	UNDF	6.205	−0.707

续表

		国内总产出	总产出价格	资本形成	居民总消费	政府消费	出口	进口
	电气机械及器材制造业	15.472	−0.993	1.965	2.185	UNDF	22.666	−1.251
	通信设备、计算机及其他电子设备制造业	−0.703	0.649	−0.409	−0.346	UNDF	−0.706	0.323
	仪器仪表及文化办公用机械制造业	−0.965	0.659	−0.424	0.093	UNDF	−1.010	−0.170
	其他制造业	4.888	−0.086	0.440	0.514	UNDF	7.914	1.478
	电力、热力的生产和供应业	−1.751	1.170	−0.856	−0.620	UNDF	−3.799	−0.340
	燃气及水的生产与供应业	−12.994	3.252	−3.707	−3.487	UNDF	−26.928	3.841
	建筑业	0.134	0.377	−0.131	0.111	UNDF	1.219	−0.704
	交通运输及仓储业	−1.130	1.391	−1.122	−0.877	−0.744	−4.050	1.142
	批发零售业	1.247	−0.049	0.446	0.688	UNDF	4.067	−1.342
	其他服务业	0.360	0.308	−0.055	0.192	0.329	1.724	−0.524
浙江	农林牧渔业	−0.519	0.209	0.025	−0.500	1.360	1.239	−1.588
	煤炭石油天然气开采业	−2.438	0.904	−2.007	UNDF	UNDF	−9.219	1.585
	金属非金属矿采选业	−1.726	0.780	−0.517	UNDF	UNDF	−2.244	−1.430
	食品制造及烟草加工业	0.262	0.272	−0.018	−0.433	UNDF	1.771	−1.202
	纺织业	−1.539	0.624	−0.369	−0.829	UNDF	−1.445	−1.667
	木材加工、造纸印刷及文教体育用品制造业	−2.705	0.869	−0.685	−0.695	UNDF	−3.573	−1.377

续表

		国内总产出	总产出价格	资本形成	居民总消费	政府消费	出口	进口
	石油加工、炼焦及核燃料加工业	−4.574	−16.699	0.015	−0.188	UNDF	138.487	−2.842
	化学工业	−4.233	1.234	−0.997	−1.329	UNDF	−6.503	−1.702
	金属非金属制品业	−1.758	0.725	−0.454	−0.123	UNDF	−2.059	−1.464
	通用、专用设备制造业	−1.615	0.715	−0.511	−0.719	UNDF	−1.877	−0.553
	交通运输设备制造业	1.013	0.491	−0.208	−0.640	UNDF	1.642	−0.192
	电气机械及器材制造业	−8.105	1.307	−1.258	−1.712	UNDF	−10.605	−0.445
	通信设备、计算机及其他电子设备制造业	−1.771	0.689	−0.439	−0.989	UNDF	−1.932	−1.262
	仪器仪表及文化办公用机械制造业	−0.852	0.641	−0.392	−0.598	UNDF	−0.825	−0.964
	其他制造业	−1.764	0.740	−0.507	−1.018	UNDF	−2.126	−1.267
	电力、热力的生产和供应业	−1.853	1.036	−0.754	−1.175	UNDF	−3.379	−0.800
	燃气及水的生产与供应业	−1.934	0.789	−0.617	−1.180	UNDF	−3.027	−0.895
	建筑业	−0.308	0.577	−0.338	UNDF	UNDF	−0.023	−0.467
	交通运输及仓储业	−0.427	0.389	−0.111	−0.653	1.185	0.607	−1.516
	批发零售业	0.864	−0.009	0.401	−0.154	UNDF	3.518	−1.672
	其他服务业	0.071	0.302	−0.051	−0.598	1.291	1.456	−0.844

续表

		国内总产出	总产出价格	资本形成	居民总消费	政府消费	出口	进口
安徽	农林牧渔业	−5.039	0.748	−0.524	−1.906	−0.812	−5.427	−4.549
	煤炭石油天然气开采业	−6.701	2.072	−6.940	−8.994	UNDF	−32.661	9.215
	金属非金属矿采选业	0.303	1.280	−0.971	UNDF	UNDF	−2.199	1.881
	食品制造及烟草加工业	−9.450	1.776	−1.761	−3.597	UNDF	−13.673	−1.295
	纺织业	6.751	0.027	0.420	−1.785	UNDF	9.331	−0.461
	木材加工、造纸印刷及文教体育用品制造业	−8.990	2.102	−1.864	−3.066	UNDF	−14.428	−1.902
	石油加工、炼焦及核燃料加工业	−3.748	10.634	−6.020	−6.327	UNDF	−199.380	4.380
	化学工业	−8.881	2.682	−2.342	−2.431	UNDF	−16.436	1.393
	金属非金属制品业	2.183	1.190	−0.825	−2.032	UNDF	0.015	3.617
	通用、专用设备制造业	2.210	0.331	−0.063	−1.420	UNDF	3.496	0.257
	交通运输设备制造业	29.177	−2.041	3.048	2.682	UNDF	41.887	0.528
	电气机械及器材制造业	9.266	−0.137	0.644	−0.682	UNDF	12.572	−0.703
	通信设备、计算机及其他电子设备制造业	−1.799	0.914	−0.682	−2.566	UNDF	−2.847	3.570
	仪器仪表及文化办公用机械制造业	1.644	0.219	0.125	−1.292	UNDF	3.380	−3.462
	其他制造业	28.390	−1.703	3.172	3.048	UNDF	39.417	−2.748
	电力、热力的生产和供应业	−5.055	3.962	−3.268	−5.214	UNDF	−17.421	3.632

续表

		国内总产出	总产出价格	资本形成	居民总消费	政府消费	出口	进口
	燃气及水的生产与供应业	−26.995	4.802	−4.129	−6.364	UNDF	−42.167	2.935
	建筑业	−1.049	0.923	−0.631	−3.001	UNDF	−2.136	−0.415
	交通运输及仓储业	−10.233	2.617	−2.426	−4.597	−2.745	−17.500	0.433
	批发零售业	−7.409	2.051	−2.516	−4.473	UNDF	−12.702	0.675
	其他服务业	−3.864	1.408	−1.142	−3.465	−0.680	−6.806	−1.694

注：UNDF 表示该行业的初始值为零。

7.6 技术进步的碳解锁联动效应模拟

7.6.1 技术进步的区域联动效应模拟

随着中国经济的快速发展,我国经济增长动力逐渐从粗放式的资源投资型经济转向科技创新和技术进步,未来中国经济增长的源泉也越来越依靠技术进步。为了准确论证技术进步对我国经济增长的作用,本章根据索洛经济增长模型,对1979—2019年我国经济增长的动力进行分解(见表7-11)。从表7-11可以看出,如果将资本、劳动力和全要素生产率作为经济增长的主要投入要素,过去40年时间里,我国的经济增长主要依靠投资驱动(平均贡献率为61.8%);劳动力对经济增长的贡献率从1979—1985年的12.9%下降至2011—2014年的2.0%;全要素生产率对经济增长的贡献率从1979—1985年的34.7%上升至2001—2005年的44.5%,然后逐步下滑到2011—2019年的25.3%。

表7-11 1979—2019年中国经济增长分解

年份	GDP增速	实际利用的资本存量			劳动力			全要素生产率		
		增长率	贡献率	贡献度	增长率	贡献率	贡献度	增长率	贡献率	贡献度
1979—1985	10.2	8.9	52.4	5.3	3.3	12.9	1.3	3.5	34.7	3.5
1986—1995	10.0	9.5	57.0	5.7	3.2	12.8	1.3	3.0	30.2	3.0
1996—2000	8.6	10.2	71.2	6.1	2.2	10.2	0.9	1.6	18.6	1.6
2001—2005	9.8	8.6	52.7	5.2	0.7	2.9	0.3	4.4	44.5	4.4
2006—2010	11.2	12.1	64.8	7.3	0.4	1.4	0.2	3.8	33.8	3.8

续表

年份	GDP增速	实际利用的资本存量			劳动力			全要素生产率		
		增长率	贡献率	贡献度	增长率	贡献率	贡献度	增长率	贡献率	贡献度
2011—2019	7.8	9.3	70.0	5.6	0.4	1.9	0.2	2.0	25.3	2.0
1979—2019	9.6	10.0	61.3	5.9	1.8	7.2	0.7	3.0	30.6	2.9

从表 7 - 11 可以看出，我国三大生产要素的一个基本发展趋势，是实际利用的资本存量基本上保持在一个较高的增长水平之上。我国的劳动力增长率逐步下降，这与我国劳动年龄人口份额下降，人口抚养比上升相关。技术进步被认为是长期经济增长的重要源泉之一，可以看到，我国的 TFP 增长率在 1979—1985 年总体处于相对较高水平；2001—2005 年，我国的 TFP 增长率达到最高水平，对经济增长的贡献度为 4.4 个百分点；2006 年以后，我国的 TFP 增长率总体呈现下降趋势。值得注意的是，2011 年以来，TFP 增长率有加速下滑的趋势，主要的原因是我国产能过剩加剧，与国际技术前沿面的差距正在缩小，利用外资势头趋缓，通过吸收引进国际先进技术所带来的边际收益正在不断降低。

但是，随着我国人口老龄化的进程加快，从未来发展趋势来看，固定资产投资和劳动力对经济增长的贡献将呈现趋势性下降，而全要素生产率，即科技创新和技术进步，将越来越成为我国经济增长的主要动力源泉。这也意味着我国经济增长质量将不断提升，以及能源（尤其是石化能源）的利用效率将不断提高，从而对碳排放和碳解锁路径产生影响。

为模拟科技创新和技术进步对长三角碳解锁效果的影响，本章假设全要素生产率 TFP（代表技术进步参数）分别提高 2%、4%、6%、8%、10%，即 TFP(i)＝ (1＋alpfa) * TFP0(i)，TFP0(i)为行业原全要素生产率，TFP(i)为变动后的行业全要素生产率，alpha 为外生模拟参数，其他条件不变，模拟对长三角区域（上海、江苏、浙江、安徽）生产总值、产业结构、居民收入和居民消费、政府收入和政府消费、进出口、社会福利和 CO_2 排放等宏观经济变量的影响，模拟结果如表 7 - 12 所示。

表 7－12　全要素生产率提升 10%情境下的地区联动效应模拟结果

	变量名称	增长率（%）		变量名称	增长率（%）
全国	实际 GDP	3.1810	全国	第二产业增加值	4.0841
	名义 GDP	−0.0471		第三产业增加值	2.5959
	GDP 平减指数	−4.3953		CO_2 排放总量	−4.0941
	第一产业增加值	1.9333		CO_2 排放强度	−7.0508
上海	地区实际 GDP	5.3617	浙江	地区实际 GDP	2.6261
	地区名义 GDP	1.3693		地区名义 GDP	−0.1230
	地区 GDP 平减指数	−3.7893		地区 GDP 平减指数	−2.6788
	固定资产总投资	6.0951		固定资产总投资	5.4271
	进口	2.3772		进口	3.7670
	出口	2.5122		出口	1.4086
	省内调入	2.4963		省内调入	2.8817
	省内调出	4.4560		省内调出	3.0020
	居民实际总收入	3.1949		居民实际总收入	1.1799
	居民总储蓄	3.1949		居民总储蓄	1.1799
	增值税	0.4446		增值税	−0.2331
	营业税	1.4134		营业税	−0.9816
	消费税	1.1096		消费税	−1.7597
	其他间接税	−0.2813		其他间接税	−1.4139
	关税	−1.6460		关税	0.0760
	居民个人所得税	3.1949		居民个人所得税	1.1799
	企业所得税	0.2362		企业所得税	0.5145
	政府总收入	−0.2330		政府总收入	−0.5938

续表

	变量名称	增长率(%)		变量名称	增长率(%)
	地区 CO_2 排放总量	−11.3597		地区 CO_2 排放总量	−5.5608
	地区 CO_2 排放强度	−17.0498		地区 CO_2 排放强度	−8.6925
江苏	地区实际 GDP	3.1185	安徽	地区实际 GDP	4.8899
	地区名义 GDP	0.2423		地区名义 GDP	−2.9538
	地区 GDP 平减指数	−2.7892		地区 GDP 平减指数	−2.0825
	固定资产总投资	5.3922		固定资产总投资	5.0030
	进口	4.3034		进口	3.4235
	出口	2.7249		出口	4.4502
	省内调入	3.0529		省内调入	2.1438
	省内调出	3.0123		省内调出	−3.2511
	居民实际总收入	1.9592		居民实际总收入	2.4242
	居民总储蓄	1.9592		居民总储蓄	2.4242
	增值税	−0.0282		增值税	−1.2628
	营业税	−0.6567		营业税	−3.2217
	消费税	−4.5771		消费税	−4.9191
	其他间接税	−1.0465		其他间接税	−2.6852
	关税	0.4274		关税	−0.1714
	居民个人所得税	1.9592		居民个人所得税	2.4242
	企业所得税	0.1326		企业所得税	0.2104
	政府总收入	−0.4268		政府总收入	−1.7789
	地区 CO_2 排放总量	−7.62051		地区 CO_2 排放总量	−6.2116
	地区 CO_2 排放强度	−13.1396		地区 CO_2 排放强度	−15.7860
全国社会福利总水平变动量(VALUE 值):27631					

表7-12显示，在长三角区域内提高全要素生产率，将现有全要素生产率增加6%，其他条件不变的假设条件下，我国实际GDP增加3.18个百分点，而名义GDP将略微减少0.05个百分点，说明该政策不仅有利于我国的经济增长，而且使得物价水平有所下降。原因在于，提高全要素生产率，使得同样的要素投入产生更多的产品，创造更多的价值，单位产品的生产成本有所下降，因此使得全社会增加值，即GDP实际增速，出现显著提高，而物价水平有所下降。从产业来看，第一产业、第二产业和第三产业增加值分别增加1.93个百分点、4.08个百分点和2.59个百分点，由于第二产业增幅相对较大，从而使得第二产业在GDP中的比重有所上升，而第一产业和第三产业在GDP中的比重有所下降。这也意味着，提高全要素生产率，第二产业收益最大，由于第二产业实际上主要是实体经济行业，说明提高全要素生产率可以使得我国实体经济发展的根基更加稳固，从而中长期内利好于服务业。因此，该政策总体有利于进一步巩固我国的实体经济，有利于我国中长期稳定发展，有利于减缓和抑制我国通货膨胀压力。另外，该政策下，CO_2排放总量及CO_2排放强度均有所下降，说明该政策有利于我国的节能减排。

分区域来看，上海、江苏、浙江、安徽的实际GDP增速分别变动5.36个百分点、3.12个百分点、2.63个百分点和4.89个百分点，说明该政策有利于长三角所有地区的经济增长。相比而言，上海的GDP增速提升幅度最大，主要是因为上海的技术水平相对较高，模拟前的上海全要素生产率参数相对较大，这样在同样提升6%的前提下，上海全要素生产率参数的新增值最大，所以导致GDP增速提升最大。

从贸易上看，该政策下，长三角区域(上海、江苏、浙江、安徽)出口分别增加2.51个百分点、2.72个百分点、1.41个百分点和4.45个百分点，说明该政策有利于长三角区域的出口贸易。原因在于，相对全国其他省市，长三角三省一市的技术水平或全要素生产率提升，使得长三角区域的产品单位成本下降，从而获得相对价格优势，因此使得长三角区域的产品需求增加，进而促进出口增加。

从居民收入上看，长三角区域(上海、浙江、江苏、安徽)的居民实际收入分别增加3.19个百分点、1.18个百分点、1.96个百分点和2.42个百分点，意味着提升全要素生产率可以使得长三角区域(上海、江苏、浙江、安徽)的居民实际收入有所提升，有利于居民消费和社会福利。另外，该政策下，上海、江苏、浙江和安徽的地方政府总收入分别下降0.23个百分点、0.42个百分点、0.59个百分点和0.78个百分点，说明该政策虽然使得地方政府收入有所减少，但是其原因是物价大幅下降。扣除物价因素，该政策下，长三角区域（上海、江苏、浙江、安徽）的政府实际收入有所增加，说明该政策也有利于政府实际收入增加；值得注意的是，该政策下，上海、江苏、浙江和安徽的企业所得税税率均有所上升，分别增加0.23个百分点、0.12个百分点、0.15个百分点和0.21个百分点，由于企业所得税直接取决于企业总利润，企业所得税增加意味着企业总利润上升，说明该政策减少了企业实际负担，使得企业总利润上升，这有利于长三角区域的经济转型、结构调整和产业升级，有利于长三角区域经济的长远发展。另外，该政策下，全国社会总福利增加27 631亿元，说明该政策总体有利于提高我国的社会总福利。

最后，着重分析在不同水平的全要素生产率条件下，长三角区域（上海、浙江、江苏、安徽）CO_2排放规模及排放强度变化情形，结果如图7-5所示。

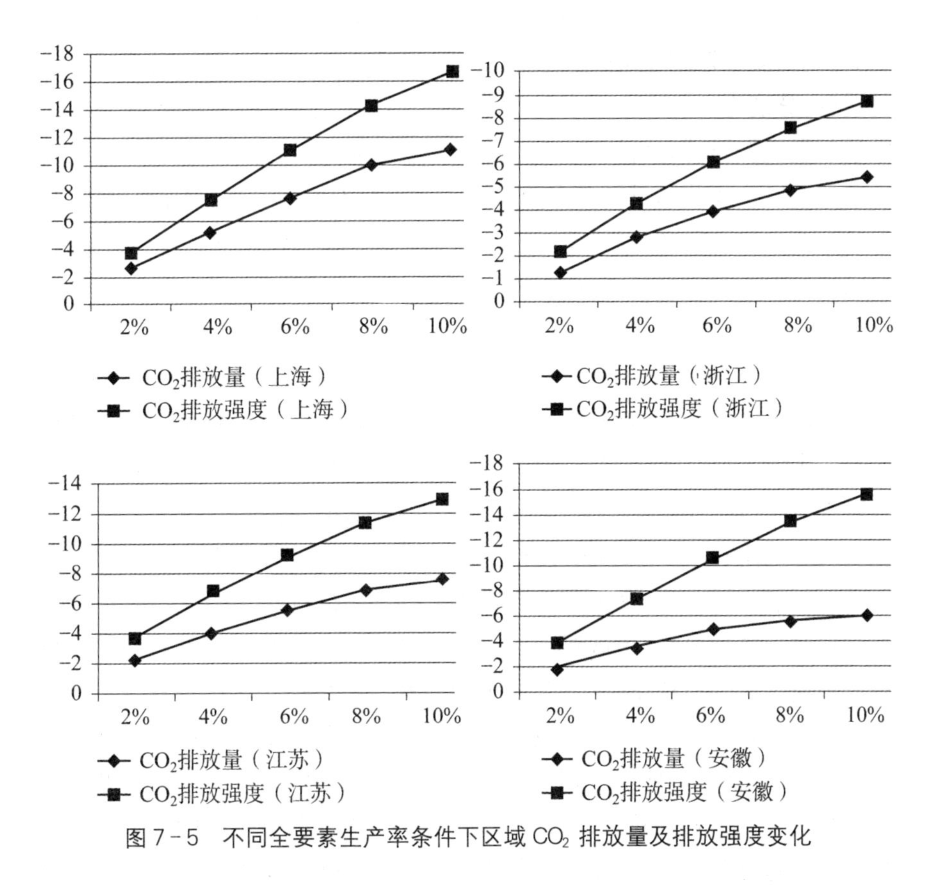

图7-5　不同全要素生产率条件下区域CO_2排放量及排放强度变化

图7-5表明，随着全要素生产率的不断提升，长三角区域（上海、江苏、浙江、安徽）的CO_2排放总量和排放强度均呈现不断下降的发展态势，

但边际变化量逐渐减少，这一方面说明，促进科技创新和提升技术进步可以有效地减少企业生产成本、增强企业产品竞争力，导致石化能源使用效率增加，从而使得长三角区域的CO_2排放总量下降，CO_2排放强度也大幅减少；另外，CO_2排放总量和排放强度的边际变化量下降，说明全要素生产率对CO_2排放量及排放强度的影响是非线性的，其边际效应不断减弱，且呈现非线性发展趋势。

7.6.2 技术进步的行业效应模拟

由于长三角不同省市的经济结构和产业结构不同，产业竞争优势也存在差异，下面分析全要素生产率变化对长三角不同省市的行业效应差异，结果如表7-13所示。

表7-13显示，从行业角度上看，该政策方案下：①除了石化能源，上海大部分行业的国内总产出均有所增加，其中，煤炭石油天然气开采业、石油加工炼焦及核燃料加工业、燃气及水的生产与供应业的国内总产出均有所减少，分别为－22.86％、－25.01％和－6.91％，从而使得上海的CO_2排放总量大幅下降；②除了石化能源，江苏大部分行业的国内总产出均有所增加，其中，煤炭石油天然气开采业、石油加工炼焦及核燃料加工业、燃气及水的生产与供应业的国内总产出均有所减少，分别为－13.05％、－13.61％和－6.74％，从而使得江苏的CO_2排放总量大幅下降；③除了石化能源，浙江大部分行业的国内总产出均有所增加，其中，煤炭石油天然气开采业、石油加工炼焦及核燃料加工业、燃气及水的生产与供应业的国内总产出均有所减少，分别为－7.12％、－11.59％和－4.51％，从而使得浙江的CO_2排放总量大幅下降；④除了石化能源，安徽大部分行业的国内总产出均有所增加，其中，煤炭石油天然气开采业、石油加工炼焦及核燃料加工业、燃气及水的生产与供应业的国内总产出均有所减少，分别为－21.17％、－3.14％和－4.41％，从而使得安徽的CO_2排放总量大幅下降。

表7-13还显示，该政策下，长三角区域（上海、浙江、江苏、安徽）的行业价格绝大部分有所下降，这是因为全要素生产率提升使得企业生产成本有所下降，这等同于减税降费，根据间接税负担理论，企业会通过降低产品价格，利用“后转”方式，将部分减少成本转嫁给消费者，从而使得行业产品价格有所下降。从消费来看，浙江和江苏居民在大部分行业的消费有所增加，这主要是因为全要素生产率提升使得企业总利润增加，从而使得居民收入增加，所以居民扩大开支，增加消费；而该政策下，上海、浙江、江苏和安徽的政府实际收入均有所增加，从而使得政府实际消费均有所上升。

表 7-13 全要素生产率提升 6%对长三角不同省市的行业影响差异(%)

		国内总产出	总产出价格	资本形成	居民总实际消费	政府实际消费	出口	进口
上海	农林牧渔业	2.7259	−2.8750	5.0258	4.3976	3.1130	−1.0448	5.2668
	煤炭石油天然气开采业	−22.863	−6.8828	−9.2758	UNDF	UNDF	−40.083	−14.34
	金属非金属矿采选业	5.1429	−3.0370	5.2240	UNDF	UNDF	1.9620	6.8969
	食品制造及烟草加工业	2.1817	−2.9069	4.9853	3.6792	UNDF	−1.4395	6.2670
	纺织业	0.7058	−3.6476	5.4566	4.5363	UNDF	0.1581	3.9808
	木材加工、造纸印刷及文教体育用品制造业	5.7325	−2.7563	4.5279	3.7574	UNDF	−9.6354	4.5811
	石油加工、炼焦及核燃料加工业	−25.090	−5.6846	−6.9138	−5.9792	UNDF	−35.511	−16.528
	化学工业	5.5620	−4.1542	6.4387	5.3720	UNDF	7.2255	2.7675
	金属非金属制品业	7.2817	−4.4750	6.5946	5.6137	UNDF	10.4434	2.2703
	通用、专用设备制造业	8.5695	−2.8339	4.5205	3.8099	UNDF	−12.0745	2.5404
	交通运输设备制造业	2.6827	−3.144	5.1514	3.7726	UNDF	−5.2086	5.1035
	电气机械及器材制造业	23.3038	−5.5994	8.9774	7.6155	UNDF	33.0943	0.2517
	通信设备、计算机及其他电子设备制造业	1.9798	−3.7049	5.9213	5.2135	UNDF	−2.2806	0.5441
	仪器仪表及文化办公用机械制造业	5.3602	−3.7662	5.8716	5.0247	UNDF	5.3050	4.2590
	其他制造业	11.9903	−4.8236	7.3651	6.1025	UNDF	16.9890	3.0837
	电力、热力的生产和供应业	5.4276	−4.3243	6.1267	5.4931	UNDF	7.8525	3.9833

续表

		国内总产出	总产出价格	资本形成	居民总实际消费	政府实际消费	出口	进口
	燃气及水的生产与供应业	-6.9175	-4.5129	-6.2256	-5.5849	UNDF	-10.2432	-4.7958
	建筑业	6.9627	-4.3870	6.3761	0.7154	UNDF	9.7099	5.2755
	交通运输及仓储业	15.2151	-5.0813	8.1213	7.2127	5.8347	21.6705	3.2428
	批发零售业	1.9101	-2.710	4.4152	3.6309	UNDF	-2.4941	8.0047
	其他服务业	4.1745	-3.4055	5.5881	4.8913	3.710	2.5732	5.0132
江苏	农林牧渔业	0.4602	-1.8274	3.8906	2.3336	1.4129	-7.2925	5.6928
	煤炭石油天然气开采业	-13.0466	-11.288	-9.5627	-7.7833	UNDF	-12.4653	-10.459
	金属非金属矿采选业	0.1772	-2.5997	4.7738	UNDF	UNDF	-4.5866	3.0574
	食品制造及烟草加工业	0.8887	-2.2024	4.3394	2.7491	UNDF	-7.1262	4.1232
	纺织业	11.0932	-4.3936	7.1008	5.4641	UNDF	13.9780	5.1798
	木材加工、造纸印刷及文教体育用品制造业	5.0838	-1.771	3.4842	1.9819	UNDF	-12.609	4.6228
	石油加工、炼焦及核燃料加工业	13.6137	-8.0139	-7.4021	-6.8165	UNDF	-25.9084	-21.028
	化学工业	4.5338	-2.1226	4.2136	2.5231	UNDF	-10.8335	2.6684
	金属非金属制品业	3.1473	-3.3915	5.5923	3.4747	UNDF	1.5029	4.1330
	通用、专用设备制造业	4.0266	-3.5013	5.7447	3.9725	UNDF	2.8348	4.3327
	交通运输设备制造业	4.6020	-3.6591	5.8774	4.2547	UNDF	4.0830	4.5998

续表

		国内总产出	总产出价格	资本形成	居民总实际消费	政府实际消费	出口	进口
	电气机械及器材制造业	5.6377	−3.6614	5.9850	4.3427	UNDF	5.1237	4.2473
	通信设备、计算机及其他电子设备制造业	5.9964	−3.6501	5.9417	4.0559	UNDF	5.4311	5.0666
	仪器仪表及文化办公用机械制造业	8.8929	−3.8476	6.1402	4.8321	UNDF	9.2048	1.8783
	其他制造业	1.3752	−2.4540	4.3683	2.5496	UNDF	−6.6251	4.4248
	电力、热力的生产和供应业	0.0555	−2.8975	5.1001	3.5425	UNDF	−3.5278	2.1751
	燃气及水的生产与供应业	−6.7396	−3.3382	−3.8219	−5.2295	UNDF	−18.9664	−17.213
	建筑业	5.5373	−3.3697	5.5538	3.9489	UNDF	3.7613	6.3747
	交通运输及仓储业	0.0118	−2.2227	4.3040	2.7241	1.8185	−6.2266	4.8045
	批发零售业	−1.2402	−0.8757	2.3372	0.7782	UNDF	−12.3116	9.6030
	其他服务业	0.6755	−1.7761	3.8057	2.2349	1.3332	−7.2877	6.0796
浙江	农林牧渔业	1.1554	−1.710	3.8195	1.9823	1.1788	−9.2174	4.0222
	煤炭石油天然气开采业	−7.1156	−5.9192	−4.1280	UNDF	UNDF	−7.4783	−4.3216
	金属非金属矿采选业	1.8446	−2.6567	4.8516	UNDF	UNDF	−2.7711	4.4818
	食品制造及烟草加工业	3.5639	−1.7208	3.7797	1.9760	UNDF	−11.3914	3.9562
	纺织业	6.0812	−3.9101	6.3339	4.4194	UNDF	6.6620	3.7529
	木材加工、造纸印刷及文教体育用品制造业	5.7860	−2.1937	3.9259	2.3501	UNDF	−11.7466	2.4173

续表

		国内总产出	总产出价格	资本形成	居民总实际消费	政府实际消费	出口	进口
	石油加工、炼焦及核燃料加工业	-11.5875	-3.6195	-5.6370	-3.9179	UNDF	-10.8512	-12.472
	化学工业	4.6196	-2.0503	4.1090	2.3389	UNDF	-11.1763	2.4747
	金属非金属制品业	3.5844	-3.3949	5.5498	4.3252	UNDF	1.9475	4.7049
	通用、专用设备制造业	5.5277	-3.4948	5.7523	3.8836	UNDF	4.2906	5.0704
	交通运输设备制造业	5.4368	-3.6590	5.8525	3.9992	UNDF	4.9133	4.8787
	电气机械及器材制造业	9.2874	-3.9533	6.2844	4.3833	UNDF	10.0835	4.5180
	通信设备、计算机及其他电子设备制造业	9.9892	-4.0919	6.3425	4.4255	UNDF	11.4322	4.6313
	仪器仪表及文化办公用机械制造业	8.2922	-3.6534	5.8299	4.1852	UNDF	7.7294	3.9299
	其他制造业	0.9620	-3.1221	5.2061	3.1957	UNDF	-1.7480	3.5690
	电力、热力的生产和供应业	0.8791	-2.9228	5.1149	3.3374	UNDF	-2.6323	2.9427
	燃气及水的生产与供应业	-4.5151	-2.3765	-4.714	-2.8027	UNDF	-6.1094	-3.8257
	建筑业	5.0894	-3.2673	5.4334	UNDF	UNDF	2.8840	6.3084
	交通运输及仓储业	2.2863	-1.8522	3.7020	1.8518	1.0707	-9.7357	5.6023
	批发零售业	1.6863	-0.8437	2.2901	0.4442	UNDF	-12.8202	9.6313
	其他服务业	0.4899	-1.8968	3.9493	2.0931	1.3059	-7.0022	5.5806

续表

		国内总产出	总产出价格	资本形成	居民总实际消费	政府实际消费	出口	进口
	农林牧渔业	9.5289	−1.2803	3.0211	−0.9955	−0.527	−18.346	−0.4917
	煤炭石油天然气开采业	−21.1732	−18.572	−16.763	−11.372	UNDF	−9.7428	−13.823
	金属非金属矿采选业	0.8481	−2.3215	4.5124	UNDF	UNDF	−5.0369	4.4823
	食品制造及烟草加工业	15.7509	−0.4142	2.0583	−2.5468	UNDF	−26.5726	3.6661
	纺织业	24.0450	−4.6857	7.4801	2.0295	UNDF	28.8338	6.3777
	木材加工、造纸印刷及文教体育用品制造业	−10.0646	−1.0655	3.1299	−0.6576	UNDF	−19.5322	1.5218
	石油加工、炼焦及核燃料加工业	−3.1365	−2.215	−1.969	−1.855	UNDF	−3.5630	−2.776
	化学工业	10.4829	−0.7400	2.9537	1.0001	UNDF	−20.9520	3.1666
	金属非金属制品业	2.5370	−2.7875	5.0635	1.2970	UNDF	−1.5822	5.1213
	通用、专用设备制造业	3.6821	−2.2872	4.3864	0.3719	UNDF	−9.4303	3.7083
	交通运输设备制造业	22.8966	−4.8624	7.8040	5.2149	UNDF	28.5916	4.7841
	电气机械及器材制造业	5.1637	−3.3678	5.7115	1.7532	UNDF	3.3857	4.5439
	通信设备、计算机及其他电子设备制造业	10.5554	−3.8832	6.1686	1.3043	UNDF	11.0363	4.8096
	仪器仪表及文化办公用机械制造业	26.3230	−6.1631	9.7093	5.3653	UNDF	39.6594	−10.944
	其他制造业	37.4739	−5.9298	10.037	7.8520	UNDF	50.4856	−1.2288
	电力、热力的生产和供应业	1.5195	−2.0836	4.3247	−0.5999	UNDF	−8.1644	2.8168

续表

		国内总产出	总产出价格	资本形成	居民总实际消费	政府实际消费	出口	进口
	燃气及水的生产与供应业	−4.4104	−3.8368	−4.081	−3.219	UNDF	−4.8415	−5.188
	建筑业	4.3099	−2.8718	5.0704	−0.5208	UNDF	0.4677	6.5037
	交通运输及仓储业	7.0549	−1.7622	3.7591	−1.4762	0.1821	−14.4552	2.3968
	批发零售业	8.5664	0.5828	−0.4110	−5.1417	UNDF	−23.4239	14.718
	其他服务业	3.6701	−1.1769	3.2632	−2.1682	0.4014	−13.4216	3.5704

注：UNDF 表示该行业的初始值为零。

综上所述，对比上述各种财政税收政策与技术进步政策，可以发现，科技创新、技术进步是减少 CO_2 排放量、降低 CO_2 排放强度最有力的手段，不仅有利于长三角区域的经济增长，而且还有利于降低物价水平、增加居民实际收入和消费、增加社会总福利等，这对我国经济的高质量发展、优化产业结构、提升产品竞争力、改善自然环境、促进社会和谐发展等具有重要意义。

7.7　结论与建议

7.7.1　主要结论

上述一系列的政策模拟结果表明：(1)增加企业增值税不仅不利于我国的经济增长，而且使得 CO_2 排放总量及排放强度均有所上升，从而不利于我国的节能减排；还有，该政策下，全国社会总福利有所减少，从而不利于我国的社会总福利提高。然而，对于静态CGE模型而言，相关政策模拟具有对称的方向关系，即若是减少企业增值税税率，则模拟结果将会表明：①有利于我国的经济增长；②长三角区域 CO_2 排放总量及排放强度有所下降；③社会总福利有所增加，从而有利于提高我国的社会总福利水平。(2)增加企业营业税、消费税、其他间接税均可以使得长三角区域的 CO_2 排放总量及排放强度有所下降，但会对区域经济增长、社会福利总水平、通货膨胀等方面造成不利影响，因此建议慎重实施。(3)征收碳税可以使得长三角区域的 CO_2 排放总量及排放强度达到国家设定的目标，但可能会造成长三角区域经济发展失衡、社会福利水平降低、通货膨胀上升、产品出口竞争力下降等问题。(4)相比各种财政税收政策，科技创新与技术进步是长三角区域减少 CO_2 排放量、降低 CO_2 排放强度最有力的手段，不仅有利于长三角区域的经济增长，而且还有利于降低物价水平、增加居民实际收入和消费、增加社会总福利等，这对我国经济的高质量发展、优化产业结构、提升产品竞争力、改善自然环境、促进社会和谐发展等具有重要意义。

7.7.2　政策建议

综上所述，提出如下政策建议：(1)切实有效降低企业税费负担，适当降低增值税税率。2016年7月26日，中共中央政治局会议明确提出了降低宏观税负的要求。近几年实施的结构性减税政策对降低企业税负无疑起到了积极作用，我国税收占生产总值的比重呈现下降趋势；然而，总体上看，我国企业的宏观税负依然处于较高水平，突出表现为企业增值税负担过重等。在我国经济增速减缓，企业利润增速下滑的形势下，当前积极财政政策的一个核心内容是减轻企业税费负担，降低企业税费负担有利于增强企业——尤其是中小企业——的活力，从而促进企业增加投入、扩大生产、增加就业、刺激产业发展。政策模拟也显示，适当降低增值税税率有助于长三角区域实际 GDP 增长，有利于降低通货膨胀水平，有利于长三角区域出口和社会福利水平的提高，有利于降低长三角区域 CO_2 排放总量及排放强度。(2)在其他条件不变的情况下，单纯依靠碳税可以实现长三角区域 CO_2 排放强度的规划目标，但这会引起化石能源价格的大幅上升，从而导致较大的物价上升压力。相比较而言，能源使用效率越高，单位碳税的 CO_2 排放强度的边际变化率就越大。因此，提高能源使用效率可以有效地增强碳税的实施效果，我国应加强技术创新和管理创新，促使我国的能源使用效率不断提高。另外，研究表明，在征收碳税的同时降低企业间接税率，保持政府财政收入中性的税收方案，比收碳税的同时降低企业所得税率，更能减弱或消除因征收碳税而对社会福利水平产生的负面影响。因此，从碳税对社会福利水平产生负面影响的角度考虑，我国在实施碳税的同时，适当降低企业间接税率，对社会福利水平产生的效果要好于适当减少企业所得税率。

8　研究总结与展望

长期以来，人类不合理的发展方式对环境产生了不可估量的负面影响，全球变暖等一系列环境问题凸显。作为负责任的大国，中国在应对全球气候变化危机中一直表现出自己的诚意与担当，释放着“中国正能量”。然而，作为我国工业生产密集区和制造业中心的长三角地区，依然存在经济增长方式粗放、节能技术装备和碳减排技术水平相对落后的问题。本书参考长三角“十三五”工业转型升级规划及中长期碳减排和率先实现现代化目标，在长三角与其他区域经济圈产业类似比较之基础上，重点从行业层面、企业层面、区域联动等角度，测算长三角低碳经济转型中的碳锁定与碳解锁机理及演化历程，评估长三角低碳转型绩效，模拟研究长三角碳解锁政策及其区域联动效应，从而为长三角乃至全国和世界相关区域实现低碳发展提供参考。

8.1　研究总结

本书研究成果的主要内容和重要观点或对策建议如下：

(1) 高碳化石能源技术与制度复合的碳锁定及碳解锁机理

首先，高碳化石能源技术碳锁定从微观企业层面开始渗透到整个产业。在产业发展初期，市场竞争使得企业投资的高碳化石能源技术脱颖而出，在规模报酬递增机制的作用下，该技术成为企业的核心竞争力。企业投资倾向于对现有技术的继续改进，缺乏开发新技术、推出新产品的动力，从而产生企业技术碳锁定。在网络外部性作用下，越来越多的企业依赖该技术，企业技术碳锁定会扩展到整个产业，最终导致该技术的碳锁定渗透到整个产业。如果经济社会被高碳化石能源技术系统“俘获”，在规模报酬递增效应的作用下，该项技术通过企业、产业进行自强化，步入技术碳锁定的轨迹。

其次，制度的介入形成了技术和制度系统复合的化石能源技术高碳锁定发展路径。在技术系统形成之后，适应性的制度会相继出现，通过政策、法律等措施来支持技术系统的发展，从而影响技术系统的演化路径。处于优势地位的化石能源技术能够带来规模报酬递增效应，此时制度的介入将会导致技术和制度的相互演化，逐步形成利益联盟。为维护自身利益，利益联盟往往会借助制度来阻碍新能源技术的发展，从而达到掩盖化石能源技术所带来的负外部性问题之目的。随着制度的介入，逐步形成技术与制度复合体，从而将技术和制度锁定在高碳发展路径。

再次，低碳和高碳能源经济数理模型模拟碳锁定及碳解锁的技术政策路径。以低碳和高碳能源消费作为研究对象来衡量碳锁定均衡状态，理论分析表明，存在低碳解锁和高碳锁定条件，低碳能源均衡值由经济发展水平、能源供应和价格、技术进步或研发投入等经济变量决定。处于高碳锁定的经济体，其各经济变量满足相应的关系，为摆脱碳锁定困境而寻求合适的碳解锁技术政策路径。政策制定者可以应用政策来进行干预，使得各经济变量按照既定的轨迹运行。

(2) 长三角工业碳锁定及碳解锁的比较和经验借鉴

首先，我国八大地区工业碳排放总量大体上均表现为增长趋势，2013年后出现下降趋势。2005—2017年，增长较快的地区有大西北、大西南和长江中游，年均增长率分别达到了8.40%、4.73%和3.24%；黄河中游和北部沿海综合经济区的年均增长率虽然只有3.09%和1.21%，但是由于其基数大，因此增加的碳排放量也是不容小视的；东北综合经济区的年增长率为2.78%；南部沿海综合经济区的年均增长率为2.25%；长三角地区的年均增长率相对较低，仅高于北部沿海地区，为1.73%。

其次，长三角地区各省市与其他七大地区省市相比，经济发展和能源消耗的解锁状态总体较为稳定。2005—2017年，长三角地区各省市的工业经济得到有效发展的同时，碳排放量得到了很好控制。江苏主要表现为解锁状态，2011年由于碳排放量增速大于工业产值增速，导致出现了增长锁定。尽管江苏的第二产业比重较大，但是并不是以资源型的重工业为主，且能源利用水平相对较高，所以工业产出较高，碳排放强度较低。浙江一直表现为解锁状态，并在2009年、2010年、2012年和2013年出现了绝对解锁状态，说明该地区的经济发展质量有所提高，但由于2017年的工业增加值相较2016年出现少许下降，导致其出现衰退性解锁。就上海而言，目前第三产业已成为其经济增长的主要力量，以2017年为例，第三产业比重再创新高，达到69.18%，远高于第二产业占比30.46%，而且第一产业的比重非常小，仅为0.36%。同时，上海的第二产业又以高新技术产业为主，所以工业碳排放量出现了下降的趋势，实现了由增长锁定向绝对解锁的转变。安徽相较其他三个省市发展相对落后，是我国的能源大省，但其能源利用效率较高，碳排放强度要低于全国平均水平，呈现相对解锁状态，在2017年转为绝对解锁。

再次，借鉴国外碳解锁经验，助力长三角破解碳锁定困境。丹麦、英国、日本等发达国家通过推动绿色能源战略、建立政策激励机制、完善法律体系、重视低碳技术的研发、大力开发新能源等举措，创造了经济增长和碳减排双赢的碳解锁模式。借鉴国外在碳解锁方面的经验，我国在破解碳锁定困境，发展低碳经济的过程中，应在完善立法体系、强化市场机制、增强财税支持、鼓励技术创新、发挥本国优势等方面发力，如通过完善碳交易市场，使用排污权配额、向污染者收费等工具，将交易产生的外部效应内部化。此外，应加大对低碳技术研发的财政支持，为技术解锁发展低碳经济奠定科技基础。

(3) 碳生产率视角的长三角碳解锁低碳经济转型绩效

首先，构建长三角碳生产率指数测算模型。利用基于全局参比的非期望产出SBM模型和Global Malmquist-Luenberger指数，构建测算和比较长三角三省一市的碳生产率增长及其动力来源的SBM-GML生产率指数模型。

其次，选取30个省级行政地区2000—2017年的投入产出数据，测算八大区域和长三角三省一市的碳生产率指数。长三角三省一市的碳生产率都保持了持续增长的良好态势，有力推动了长三角低碳经济转型和碳解锁进程。整体上看，浙江和安徽的碳生产率增长要略逊于上海和江苏。从碳生产率增长动力来源来看，上海和江苏的碳生产率增长受到技术效率与技术进步的双重动力驱动，但碳生产率增长受低碳技术进步的驱动更大；浙江和安徽的碳生产率增长主要来自低碳技术进步，需要大力提升技术效率对碳生产率增长的作用。

再次，提出长三角碳解锁低碳经济转型绩效的建议。长三角三省一市实现低碳经济转型和碳解锁，必须持续提升碳生产率，使碳生产率成为驱动长三角低碳经济增长的主引擎。促进长三角碳生产率增长，既要重视低碳生产技术硬实力的提升，也要重视制度软实力的提升，防止单纯追求低碳技术创新与技术进步。低碳技术创新与技术进步具有不确定性、长期性和艰巨性，环境技术效率提升是短期内推动碳生产率增长的一条重要途径。要通过一系列的制度创新来释放制度红利，提高能源效率和市场运行效率，从效率提升上深度挖掘碳生产率对长三角低碳经济增长的贡献潜力。

（4）长三角工业企业微观技术制度碳解锁的低碳生产驱动机制

首先，建立技术制度驱动因素与企业碳解锁低碳生产绩效传导机制模型框架。本书将政府因素、技术因素、市场因素、社会因素及企业内部因素五个变量作为低碳生产绩效的前因变量，将企业低碳生产绩效作为结果变量，五个因素分别作用于企业低碳生产绩效，构建企业低碳生产驱动机制模型。本书选取长三角三省一市代表性工业企业，采用问卷调查和对企业高层进行访谈的形式，运用结构方程模型，分析工业企业低碳生产影响因素，对企业低碳生产行为及驱动机制进行验证，为进一步探索长三角工业碳解锁路径与对策提供微观基础。

其次，构建企业微观碳锁定及碳解锁的技术制度系统路径研究假设。由于技术和制度复合体的存在，企业组织同时存在于制度环境和技术环境之中。企业在进行低碳生产行为决策时，受到政府因素、技术因素、市场因素、社会因素、企业内部因素等诸多因素的影响。根据文献研究，在政府经济激励政策方面的优待下，企业因逐利性会积极地实施低碳生产行为，政府因素正向显著影响低碳生产绩效（H1）；消费者、社会团体等利益相关者的绿色诉求会迫使企业更加关注自身品牌形象和市场评价，从而采取一定的环境管理行为，以获得大众的支持和认可，绝大多数利益相关者都会正向促进企业的低碳化生产，但要更加注意的是，低碳产品的购买诱惑力目前并不比普通产品高，社会因素正向显著影响低碳生产绩效（H2）、市场因素显著影响低碳生产绩效（H3）；相比企业外部因素，管理者的环境管理风格会对企业低碳生产和运营产生更大的影响，内部因素显著影响低碳生产绩效（H4）；技术进步使管理者拥有更多可控资源，主动采取环境战略、实施低碳生产行为意味着环境保护和经济效益的双赢，技术因素正向显著影响低碳生产绩效（H5）。

再次，运用结构方程模型，就企业低碳生产影响因素对企业低碳生产绩效的驱动机制进行验证。研究发现，政府因素、技术因素、社会因素对企业低碳生产绩效都有正向的直接影响，内部因素及市场因素对企业低碳生产绩效影响不显著，且五类因素间存在相互影响；工业企业管理者和员工并不具有较高的低碳意识，企业内部研发投入相对缺乏；低碳产品相关市场未成熟，消费者的绿色偏好和诉求并不强烈。虽然企业低碳意识和内部研发环境对提高企业低碳生产绩效具有很大的支撑作用，并促进企业绿色发展，但是由于企业的最终目的是盈利性，多数企业在没有竞争环境的压力下,是不会选择主动低碳生产的。市场因素给企业的发展带来压力,但同时也是企业求新求异的动力,来自消费者的低碳消费偏好会驱动工业企业提高低碳生产绩效。企业对低碳的重视程度受是否能获得良好社会声誉的影响,高层管理者的低碳意识会对企业低碳生产行为有很大影响。政府在制定低碳政策时,应多考虑经济政策激励作用,通过帮助企业进行信息披露,使企业通过环境认证、环境标签等策略来获得良好社会声誉,以激励企业实施低碳生产行为,提升低碳生产绩效。

(5) 长三角碳锁定及碳解锁技术制度路径及其区域联动效应。

首先,构建长三角技术制度路径解锁的多区域可计算一般均衡模型(MR-CGE)。本书的 MR-CGE 模型借鉴了 Dervis 等(1982)、PRCGEM 模型及 Jung 和 Thorbecke(2003)的建模思路,主要包括七大模块:生产模块、收入和需求模块、价格模块、国际贸易模块、均衡闭合模块、环境模块。同时,根据我国最新的区域间投入产出表和税收结构现实特征,编制包含 21 个部门的长三角多区域社会核算矩阵,并参考国内外文献,通过反复甄别和检验,得出主要弹性系数。

其次,运用 MR-CGE 模型对增值税、营业税、消费税、其他间接税及碳税的政策效应进行了碳解锁制度路径模拟。财政税收制度是政府常用的重要调控手段之一,政府可以通过税收手段,直接或间接地调整经济结构、产业结构和经济增长,从而达到调整与控制该区域碳排放量和排放强度的目标。政策模拟结果表明,增加企业增值税不仅不利于我国的经济和出口贸易增长,而且使得碳排放总量及排放强度均有所上升,从而不利于我国的节能减排。此外,该政策下,全国社会总福利有所减少,从而不利于提高我国的社会总福利提高。从分区域经济增长来看,该政策有利于上海和安徽的经济增长,而不利于浙江和江苏的经济增长。原因在于,该政策增加了企业的生产成本,尤其是中低端制造业的生产成本,使得上海和安徽的产业优势相对于浙江和江苏而言有所增强,进而使得区域内的劳动力与资金向上海和安徽流动及转移,造成区域经济增长趋势分化。从分区域碳排放规模及排放强度来看:①上海的碳排放总量和排放强度均呈现不断上升的发展态势,但边际变化量逐渐减少,说明增加企业增值税税率导致企业劳动力和资本成本相对上升,而中间投入(包含石化能源)成本相对下降,使得石化能源投入不断增加,进而诱发碳排放总量上升;②与上海不同的是,浙江的碳排放强度先升后降,说明增值税税率上调对浙江的碳排放强度存在峰值效应,即当增值税税率上调达到某临界值时,碳排放强度开始下降;③安徽的碳排放总量呈现不断上升的发展态势,但碳排放强度呈现不断下滑的发展趋势，说明增值税税率上调带来的GDP增长快于碳排放总量增长，从而导致碳排放强度不断下滑；④江苏的碳排放总量和排放强度均呈现不断下降的发展态势，说明江苏企业对增值税变化较为敏感，企业竞争力相对较弱。当在长三角区域统一实施增值税改革时，江苏的劳动力和资本向区域内其他地区转移，替代效应不能覆盖要素流失效应，从而导致江苏的石化能源使用减少，进而使得江苏的碳排放总量和GDP均出现下降趋势，碳排放量下降比GDP下降的速度要慢，导致碳排放强度也呈现下降的发展趋势。从行业角度上来看：①上海大部分行业的国内总产出均有所增加，其中，电气机械及器材制造业、化学工业、石油加工炼焦及核燃料加工业、煤炭石油天然气开采业的国内总产出增加最大，分别为10.48%、5.76%、4.43%和4.28%；②江苏大部分行业的国内总产出均有所下降，其中，石油加工炼焦及核燃料加工业、燃气及水的生产与供应业的国内总产出下降最大，分别为3.52%和2.35%，从而使得江苏的碳排放总量有所减少；③浙江大部分行业的国内总产出有所减少，但石化能源行业的产出总体有所增加，其中，石油加工炼焦及核燃料加工业和燃气及水的生产与供应业的国内总产出分别增长3.51%和0.08%，从而使得浙江的碳排放总量有所上升；④安徽大部分行业的国内总产出有所增加，其中，石化能源行业均有所上升，石油加工炼焦及核燃料加工业、燃气及水的生产与供应业、煤炭石油天然气开采业的国内总产出变化分别为8.13%、7.85%和0.59%，从而使得安徽的碳排放总量有所增加。然而，对于静态CGE模型而言，相关政策模拟具有对称的方向关系，即减少企业增值税税率将有利于我国的经济增长，有利于长三角区域碳排放总量及排放强度的下降，有利于社会总福利的增加，从而有利于提高我国的社会总福利水平。增加企业营业税、消费税、其他间接税的税率均可以使得长三角区域的碳排放总量及排放强度有所下降，但会对区域经济增长、社会福利总水平、通货膨胀等方面造成不利影响；征收碳税可以使长三角区域的碳排放总量及排放强度达到国家设定的目标，但会造成长三角区域经济发展失衡、社会福利水平降低、通货膨胀上升、产品出口竞争力下降等问题。

再次，运用MR-CGE模型对技术进步效应进行碳解锁技术路径模拟。随着我国人口老龄化进程的加快，从未来发展趋势来看，固定资产投资和劳动力对经济增长的贡献将呈现趋势性下降，而全要素生产率，即科技创新和技术进步，将越来越成为我国经济增长的主要动力源泉，从而对碳排放和碳解锁路径产生影响。在长三角区域内提高全要素生产率，其他条件不变的假设条件下，不仅有利于我国的经济增长，而且使得物价水平有所下降。原因在于,提高全要素生产率,使得同样的要素投入产生更多的产品,创造更多的价值,单位产品的生产成本有所下降,所以使得全社会增加值,即 GDP 实际增速,出现显著提高,而物价水平有所下降。从产业来看,第二产业收益最大,提高全要素生产率可以使得我国实体经济发展的根基更加稳固,从而中长期内利好于服务业。该政策下,碳排放总量及排放强度均有所下降,说明该政策有利于我国的节能减排。分区域来看,该政策有利于长三角所有地区的经济增长。相比而言,上海的 GDP 增速提升幅度最大,主要是因为上海的技术水平相对较高,模拟前的上海全要素生产率参数相对较大,这样在同样提升全要素生产率的前提下,上海全要素生产率参数的新增值最大,因此导致 GDP 增速提升最大。从碳排放规模及排放强度来看,上海、江苏、浙江和安徽的碳排放总量及排放强度均呈现不断下降的发展态势,但边际变化量逐渐减少,说明促进科技创新和提升技术进步可以有效地减少企业生产成本、增强企业产品竞争力,导致石化能源使用效率增加,从而使得长三角区域的碳排放总量下降,碳排放强度也大幅减少;另外,碳排放总量和排放强度的边际变化量下降,说明全要素生产率对碳排放量及排放强度的影响是非线性的,其边际效应不断减弱,且呈现非线性发展趋势。从行业角度上来看,上海、江苏、浙江和安徽大部分行业的国内总产出均有所增加,其中,煤炭石油天然气开采业、石油加工炼焦及核燃料加工业、燃气及水的生产与供应业的国内总产出均有所减少,从而使得各省市的碳排放总量大幅下降。

(6) 长三角实现区域碳解锁优化联动政策建议

首先,切实有效降低企业税费负担,适当降低增值税税率。2016 年 7 月 26 日,中共中央政治局会议明确提出要降低宏观税负。近几年实施的结构性减税政策有一定作用,税收占我国生产总值的比重出现下降趋势。然而,目前我国企业的宏观税负仍旧处于较高水平,如企业增值税负担过重等。在当前经济增速放缓、企业利润增速下滑的形势下,实施积极财政政策的核心就是减轻企业税负。降低企业税费负担有利于企业——特别是中小企业——恢复活力,通过促使企业增加投入、扩大生产,以增加就业、刺激产业发展。政策模拟结果也显示,适当降低增值税税率有利于长三角的 GDP 增加,有利于降低通货膨胀压力,有利于出口和社会福利水平提高,有利于降低碳排放总量及排放强度。

其次,加强技术创新和管理创新,提高能源使用效率。在其他条件不变的情况下,单纯依靠碳税可以实现长三角区域碳排放强度的规划目标,但这会引起化石能源价格的大幅上升,从而导致较大的物价上升压力。相比较而言，能源使用效率越高，单位碳税的碳排放强度的边际变化率就越大。因此，提高能源使用效率可以有效地增强碳税的实施效果，我国应加强技术创新和管理创新，促使我国的能源使用效率不断提高。

再次，保持政府财政收入中性的税收方案。在征收碳税的同时，降低企业间接税率，比在征收碳税的同时，降低企业所得税率，保持政府财政收入中性的税收方案，更能减弱或消除因征收碳税而对社会福利水平产生的负面影响。因此，从碳税对社会福利水平产生负面影响的角度考虑，我国在实施碳税的同时，适当降低企业间接税率，对社会福利水平产生的效果要好于适当减少企业所得税率。

8.2 研究展望

本书存在的不足或欠缺，以及尚需深入研究的问题主要包括：

（1）企业碳解锁行为的问卷设计及其应用。由于针对企业低碳生产方面的问卷调查研究较少，本书针对长三角工业生产企业碳解锁行为的问卷还需要进一步完善，加强对问卷调查资料的开发和利用。

（2）促进碳解锁的体制和制度方面的研究。针对一些重要的制度实践及其实际效应，需要开展进一步的深入细致研究，如企业低碳生产补贴制度、企业低碳信息强制性披露制度、中央环保督察等。这些重要的低碳促进措施、低碳管理体制改革和制度创新在碳解锁中的作用及存在的问题，还有深入研究的空间。

（3）碳解锁和低碳生产的典型案例研究。今后需要结合典型地区、典型行业或典型企业的低碳转型实践，总结低碳生产和低碳管理方面好的做法、成功的经验、需要防范和消除的教训与失误，并借鉴国外碳解锁的先进经验。

参考文献

[1] Abe M. Y., Hayashiyama, valuation of GHG Discharge Reduction Policy by Multi-regionalCGE in Japan[J]. International Journal of Computational Economics and Econometrics, 2013, 3(3):103-123.

[2] Abrell J., Regulating CO_2 Emissions of Transportation in Europe: A CGE-analysis UsingMarket-based Instruments [J]. Transportation Research Part, 2010, 15(4):235-239.

[3] Ali G., Exploring Environmental Kuznets Curve in relation to Green Revolution: A Case Study of Pakistan[J]. Environmental Science & Policy, 2017, 77: 166-171.

[4] Anton O., Harald G., Carbon Taxation and Market Structure: A CGE analysis for Russia [J]. Energy Policy, 2012(51):696-707.

[5] Arce G., López L. A., Guan D. Carbon emissions embodied in international trade: The post-China era[J]. Applied Energy, 2016.

[6] Blazquez J., Martin-Moreno J. M., Perez R., et al. Fossil Fuel Price Shocks and CO2 Emissions: The Case of Spain[J]. Energy Journal, 2017.

[7] Böttcher C., Müller M., Insights on the impact of energy management systems on carbon and corporate performance. An empirical analysis with data from German automotive suppliers[J]. Journal of Cleaner Production, 2016, 137: 1449-1457.

[8] Bovenberg A. L., Goulder L. H., Acobsen M. R., Costs of Alternative Environmental Policy Instruments in the Presence of Industry Compensation Requirements[J]. Journal of Public Economics, 2008, 92(5):1236-1253.

[9] Carley S., Historical analysis of U. S. electricity markets: Reassessing carbon lock-in [J]. Energy Policy, 2011, 39(2):720-732.

[10] Ciaschini M. R., Pretaroli, Severini, et al. Regional Environmental Tax Reformin a Fiscal Federalism Setting[J]. Bulletin of the Transilvania University of Brasov, 2012,5(1):25-40.

[11] Clarke J., Heinonen J., Ottelin J., Emissions in a decarbonised economy? GLOBAL lessons from a carbon footprint analysis of Iceland[J]. Journal of Cleaner Production, 2017, 166: 1175-1186.

[12] Cowan R., Gunby P., Sprayed to Death: Path Dependence, Lock-In and Pest Control Strategies [J]. Economic Journal, 1996, 106(436):521-542.

[13] Chung Y. H., Färe R., Grosskopf S., Productivity and Undesirable Outputs: a

Directional Distance Function Approach [J]. Journal of Environmental Management, 1997, 51(3): 229 - 240.

[14] David P. A., Clio and the Economics of QWERTY [J]. American Economic Review, 1985, 75(2): 332 - 337.

[15] DIETZ T., ROSA E. A., Rethinking the environmental impacts of population, affluence and technology[J]. Human Ecology Review, 1994(1): 277 - 300.

[16] Dissou Y., Sun W., GHG Mitigation Policies and Employment: A CGE Analysis with Wage Rigidity and Application to Canada [J]. Canadian Public Policy, 2013, 39(2): 53 - 66.

[17] Dissou Y., Karnizova L., Emission's cap or emissions tax? a multi-sector business cycle analysis[J]. Joumal of envimnmental economics and management, 2016, 79: 169 - 188.

[18] Driscoll J. C., Kraay A. C., Consistent Covariance Matrix Estimation with Spatially Dependent Panel Data [J]. Review of Economics & Statistics, 1998, 80(4): 549 - 560.

[19] Driscoll P. A., Breaking Carbon Lock-In: Path Dependencies in Large-Scale Transportation Infrastructure Projects [J]. Planning Practice & Research, 2014, 29(3): 317 - 330.

[20] Dutta C. B., Das D. K., Does disaggregated CO 2, emission matter for growth? Evidence from thirty countries[J]. Renewable & Sustainable Energy Reviews, 2016, 66: 825 - 833.

[21] Erickson P., Kartha S., Lazarus M., et al. Assessing carbon lock-in [J]. Environmental Research Letters, 2015, 10(8).

[22] Erickson P., Kartha S., Lazarus M., et al. Assessing carbon lock-in [J]. Environmental Research Letters, 2015, 10(8).

[23] Fernando Y., Wei L. H., Impacts of energy management practices on energy efficiency and carbon emissions reduction: A survey of malaysian manufacturing firms[J]. Resources Conservation & Recycling, 2017, 126: 62 - 73.

[24] Grossman G. M., Krueger A. B., Environmental Impacts of a North American Free Trade Agreement [J]. Social Science Electronic Publishing, 1992, 8(2): 223 - 250.

[25] Haley B., From staples trap to carbon trap: Canada's peculiar form of carbon lock-in [J]. Studies in Political Economy, 2011(88): 97 - 132.

[26] He J., Deng J., and Su M., CO2 Emission from China's Energy Sector and Strategy for its Control[J]. Energy, 2010, 35(11): 4494 - 4498.

[27] He L. Y., Gao Y. X., Including Aviation in the European Union Emissions TradingScheme: Impacts on Industries, Macro-economy and Emissions in China [J]. International Journal of Economics and Finance, 2012, 4(12): 91 - 97.

[28] Heutel G., RUHM C. J., Air pollution and procyclicaI mortality[J]. Journal of the association of environmental and resource economists, 2016, 3(3): 667 - 706.

[29] Hinnen G., Escape from Carbon Lock-in?: Airlines, Biofuels and Path Creation [J]. Journal of Sustainable Mobility, 2015, 2(2): 8 - 33.

[30] IPCC, Climate change 2013: the physical science basis [M]. Cambridge:

Cambridge University Press, in press. 2013－09－30[2013－09－30].
[31] IPCC, 2006 IPCC guidelines for national greenhouse gas inventories: volume Ⅱ [EBOL]. Japan: IGES (Institute for Global Environmental Strategies), 2006 [2012－08－19]http: www. ipcc. chipccreports Methodology-reports. htm.
[32] Jiang B., Sun Z., and Liu M., China's Energy Development Strategy under the Low-carbon Economy[J]. Energy, 2010, 35(11):4257－4264.
[33] Jr P. K. W., Lin B., Optimal emission taxes for full internalization of environmental externalities[J]. Journal of Cleaner Production, 2016, 137: 871－877.
[34] Kalkuhl M., Edenhofer O., Kai L., Learning or lock-in: Optimal technology policies to support mitigation [J]. Resource & Energy Economics, 2012, 34(1): 1－23.
[35] Karlsson R., Carbon lock-in, rebound effects and China at the limits of statism [J]. Energy Policy, 2012, 51(6):939－945.
[36] Kaya Y., K. Yokobori, Environment, Energy and Economy: Strategies for Sustainability[M]. Japan: United Nations University Press, 1997.
[37] Kaya Yoichi, Impact of carbon dioxide emission on GNP Growth: Interpretation of Proposed Scenarios [R]. Presentation to the energy and industry subgroup, Response Strategies Working Group, IPCC, Paris,1989: 1－3.
[38] Keen M., Parry I., Strand J., Planes, ships and taxes: charging for international aviation and maritime emissions [J]. Economic Policy, 2013, 28(76):701－749.
[39] Könnölä T., Unruh G. C., Prospective voluntary agreements for escaping techno-institutional lock-in [J]. Ecological Economics, 2006, 57(2):239－252.
[40] Krenek A., Schratzenstaller M., Sustainability-oriented tax-based own resources for the European Union: a European carbon-based flight ticket tax[J]. Empirica, 2017: 1－22.
[41] Kumar S., Environmentally Sensitive Productivity Growth: a Global Analysis Using Malmquist-Luenberger Index[J]. Ecological Economics, 2006, 56(2):280－293.
[42] Lehmann P., Creutzig F., Ehlers M. H., et al. Carbon Lock-Out: Advancing Renewable Energy Policy in Europe [J]. Energies, 2012, 5(2):323－354.
[43] Li Y. M., Zhao J. F., Liu G. S., Decomposition Analysis of Carbon Emissions Growth of Tertiary Industry in Beijing [J]. Journal of resources and ecology,2015, 05,324－330.
[44] Li J., Wang Z., Piao S. R., lnfluence factors analysis and trend forecasting of large industrial cities' carbon emissions: Based on the PLS-STIRPAT model [J]. Science and Technology Management Research, 2016,7: 229－234.
[45] Liang W., Zhang H. Y., A Review of Foreign Researches on Energy and Environment Field: Based on the Research Perspective of CGE Model[J]. Applied Mechanics and Materials, 2013(260):192－195.
[46] Loisel R., Environmental Climate Instruments in Romania: A Comparative Approach UsingDynamic CGE Modeling [J]. Energy Policy, 2009, 37(6): 2190－2204.
[47] Lokhov R., Welsch H., Emission Trading Between Russia and the European

Union: ACGE Analysis of Potentials and Impacts [J]. Environmental Economics and Policy Studies, 2008, 19(9):1 - 23.

[48] Ma X. J. , Dong B. Y. , Yu Y. B. , et al. Measurement of carbon emissions from energy consumption in three Northeastern provinces and its driving factors [J]. China Environmental Science, 2018,38(8):3170 - 3179.

[49] Mattauch L. , Creutzig F. , Edenhofer O. , Avoiding carbon lock-in: Policy options for advancing structural change [J]. Working Papers, 2015, 50: 49 - 63.

[50] Mckie D. , Galloway C. , Climate change after denial: Global reach, global responsibilities, and public relations [J]. Public Relations Review, 2007, 33(4): 368 - 376.

[51] OECD, Indicators to Measure Decoupling of Environmental Pressure from Economic Growth[R]. Summary Report, OECD SG/SD. 2002.

[52] O. H. , A Global Malmquist-Luenberger Productivity Index [J]. Journal of Productivity Analysis, 2010, 34(3):183 - 197.

[53] Pastor J. T. , Lovell C. A. K. , A global Malmquist productivity index [J]. Economics Letters, 2005, 88(2):266 - 271.

[54] Prell C. , Wealth and pollution inequalities of global trade: A network and input-output approach[J]. Social Science Journal,2016,53(1):111 - 121.

[55] Requate T. , Dynamic incentives by environmental policy instruments—a survey [J]. Ecological Economics, 2005, 54(2 - 3):175 - 195.

[56] Rhee H. C. , Chung H. S. , Change in CO 2, emission and its transmissions between Korea and Japan using international input-output analysis[J]. Ecological Economics, 2006, 58(4):788 - 800.

[57] Rootzén J. , Johnsson F. , Paying the full price of steel-Perspectives on the cost of reducing carbon dioxide emissions from the steel industry[J]. Energy Policy, 2016, 98: 459 - 469.

[58] Rosenbloom D. , Pathways: An emerging concept for the theory and governance of low-carbon transitions[J]. Global Environmental Change, 2017, 43: 37 - 50.

[59] Roy M. , Basu S. , Pal P. , Examining the driving forces in moving toward a low carbon society: an extended STIRPAT analysis for a fast-growing vast economy [J]. Clean Technologies & Environmental Policy, 2017(2):1 - 12.

[60] Shan Y. , Huang Q. , Guan D. , et al. China CO2 emission accounts 2016 - 2017 [J]. Scientific Data, 2020, 7(1):1 - 9.

[61] Sarkar B. , Saren S. , Sarkar M. , et al. A Stackelberg Game Approach in an Integrated Inventory Model with Carbon-Emission and Setup Cost Reduction[J]. Sustainability, 2016, 8(12):1244.

[62] Seto K. C. , Davis S. J. , Mitchell R. B. , et al. Carbon Lock-In: Types, Causes, and Policy Implications[J]. 2016, 41(1).

[63] Sharmina M. , Low-carbon scenarios for Russia's energy system: A participative backcasting approach[J]. Energy Policy, 2017, 104: 303 - 315.

[64] Shang W. , Pei G. , Meng M. , et al. Sensitivity and Trend Analysis of Carbon Emissions Embodied in China's International Trade with Input-output Technique and Nonhomogeneous Exponential Growth Model[J]. Journal og Renewable &

Sustainable Energy,2016,8(5):S12 - S15.

[65] Tapio P. , Towards a theory of decoupling: degrees of decoupling in the EU and the case of road traffic in Finland between 1970 and 2001[J]. Transport Policy, 2005, 12(2):137 - 151.

[66] Tian X. ,Chang M. ,Shi F. ,et al. How does Industrial Structure Change Impact Carbon Dioxide Emissions? A Comparative Analysis Focusing on Nine Provincial Regions in China[J]. Environmental Science&Policy,2014,37(3):243 - 254.

[67] Tom delay, Low-Carbon Economy-What are the opportunities [J]. The EIC Guide to the UK Environmental Industry 2007.

[68] Tsai W. H. , Chang J. C. , Hsieh C. L. , et al. Sustainability Concept in Decision-Making: Carbon Tax Consideration for Joint Product Mix Decision [J]. Sustainability, 2016, 8(12):1232.

[69] Tone K. , A Slacks-based Measure of Efficiency in Data Envelopment Analysis[J]. European Journal of Operational Research, 2001, 130(3):498 - 509.

[70] Tu X. L. , The Relationship between Carbon Dioxide Emission Intensity and Economic Growth in China: Cointegration, Linear and Nonlinear Granger Causality [J]. Journal of resources and ecology,2016,02,122 - 129.

[71] Unruh G. C. , Carrillo-Hermosilla J. , Globalizing carbon lock-in [J]. Energy Policy, 2006, 34(10):1185 - 1197.

[72] Unruh G. C. , Escaping carbon lock-in [J]. Energy Policy, 2002, 30(4): 317 - 325.

[73] Unruh G C. , Understanding carbon lock-in [J]. Energy Policy, 2000, 28(12): 817 - 830.

[74] Wagner M. , The Carbon Kuznets Curve. A Cloudy Picture Emitted by Bad Econometrics? [J]. Economics, 2006, 30(3):388 - 408.

[75] Weber G. , Cabras I. , Weber G. , et al. The Transition of Germany's Energy Production, Green Economy, Low-Carbon Economy, Socio-Environmental Conflicts, and Equitable Society[J]. Journal of Cleaner Production, 2017.

[76] Yabe N. , An analysis of CO2 emissions of Japanese industries during the period between 1985 and 1995[J]. Energy Policy, 2004, 32(5):595 - 610.

[77] Zhou P. , Ang B. W. , Decomposition o f Aggregate CO_2 Emissions: A Production Theoretical Approach[J]. Energy Economics, 2008, 30 (3):1054 - 1067.

[78] Zhou P. , Ang B. W. , Han J. Y. , Total factor carbon emission performance: a Malmquist index analysis[J]. Energy Economics, 2010, 32 (1):194 - 201.

[79] 卞相珊. 从国际气候谈判看中国低碳经济转型[J]. 政法论丛，2011(3):19—25.

[80] 蔡海亚，徐盈之，双家鹏. 区域碳锁定的时空演变特征与影响机理[J]. 北京理工大学学报(社会科学版)，2016，18(6).

[81] 蔡栋梁,闫懿,程树磊. 碳排放补贴、碳税对环境质量的影响研究[J]. 中国人口·资源与环境,2019,29(11):59—70.

[82] 陈诗一. 能源消耗、二氧化碳排放与中国工业的可持续发展[J]. 经济研究，2009(4):41—55.

[83] 陈诗一. 中国的绿色工业革命：基于环境全要素生产率视角的解释(1980—2008)[J]. 经济研究,2010, 45(11):21—34.

[84] 程钰，孙艺璇，王鑫静，等. 全球科技创新对碳生产率的影响与对策研究[J]. 中国人口、资源与环境，2019，29 (9)：30—40.
[85] 陈晓红，曾祥宇，王傅强. 碳限额交易机制下碳交易价格对供应链碳排放的影响[J]. 系统工程理论与实践，2016，36(10)：2562—2571.
[86] 程敏，朱航. 碳排放约束下中国建筑业环境效率研究[J]. 管理现代化，2017，37(6)：69—71.
[87] 丛建辉，朱婧，陈楠，等. 中国城市能源消费碳排放核算方法比较及案例分析——基于"排放因子"与"活动水平数据"选取的视角[J]. 城市问题，2014(3)：5—11.
[88] 邓光耀，任苏灵. 中国能源消费碳排放的动态演进及驱动因素分析[J]. 统计与决策，2017，(18)：141—143.
[89] 邓光耀，韩君，张忠杰. 产业结构升级、国际贸易和能源消费碳排放的动态演进[J]. 软科学，2018，32(4)：35—38，48.
[90] 董军，张旭. 中国工业部门能耗碳排放分解与低碳策略研究[J]. 资源科学，2010，32(10)：1856—1862.
[91] 杜强，陆欣然，冯新宇，白礼彪. 中国各省建筑业碳排放特征及影响因素研究[J]. 资源开发与市场，2017，33(10)：1201—1208.
[92] 付允，马永欢，刘怡君，等. 低碳经济的发展模式研究[J]. 中国人口：资源与环境，2008，18(3)：14—19.
[93] 傅晓华，欧祝平. 低碳经济：新型工业化的新途径[J]. 中南林业科技大学学报(社会科学版)，2010，04(5)：73—76.
[94] 樊高源，杨俊孝. 土地利用结构、经济发展与土地碳排放影响效应研究 ——以乌鲁木齐市为例[J]. 中国农业资源与区划，2017，38(10)：177—184.
[95] 高晓燕. 我国能源消费、二氧化碳排放与经济增长的关系研究——基于煤炭消费的视角[J]. 河北经贸大学学报，2017，38(06)：70—77.
[96] 郭进，徐盈之. 基于技术进步视角的我国碳锁定与碳解锁路径研究[J]. 中国科技论坛，2015(1)：113—118.
[97] 何小钢，张耀辉. 中国工业碳排放影响因素与 CKC 重组效应——基于 STIRPAT 模型的分行业动态面板数据实证研究[J]. 中国工业经济，2012(1)：26—35.
[98] 贾军. 中国制造业绿色发展的锁定形成机理及解锁模式[J]. 软科学，2016，30(11)：15—18.
[99] 贾晓薇. 我国工业行业碳排放环境库兹涅茨曲线存在性检验[J]. 青海社会科学，2016，(06)：54—63.
[100] 胡建辉，蒋选. 城市群视角下城镇化对碳排放的影响效应研究[J]. 中国地质大学学报(社会科学版)，2015，15(06)：11—21.
[101] 江生生，朱永杰. 工业碳排放与工业产值的脱钩关系研究[J]. 资源开发与市场，2013，29(11)：1151—1153.
[102] 李伯涛. 碳定价的政策工具选择争论：一个文献综述[J]. 经济评论，2012(2)：153—160.
[103] 李国志，李宗植. 中国二氧化碳排放的区域差异和影响因素研究[J]. 中国人口·资源与环境，2010，20(5)：22—27.
[104] 李宏伟，杨梅锦. 低碳经济中的"碳锁定"问题与"碳解锁"治理体系[J]. 科技进

步与对策，2013(15)：41—46.

[105] 李宏伟．“碳解锁”缝隙创新研究[J]．科技进步与对策，2017，34(12)：55—61.

[106] 李宏伟．“碳锁定”与“碳解锁”研究：技术体制的视角[J]．中国软科学，2013(4)：39—49.

[107] 李平．环境技术效率、绿色生产率与可持续发展：长三角与珠三角城市群的比较[J]．数量经济技术经济研究，2017(11)：4—24.

[108] 李少林．城镇化进程中碳锁定的诱发机制与解锁路径研究[J]．财经问题研究，2017，(03)：28—35.

[109] 李小平，卢现祥．国际贸易、污染产业转移和中国工业 CO_2 排放[J]．经济研究，2010(1)：15—26.

[110] 李小平，杨翔，王洋．国际贸易提高了中国制造业的碳生产率吗？[J]．环境经济研究，2016，1(2)：8—24.

[111] 李忠民，庆东瑞．经济增长与二氧化碳脱钩实证研究—以山西省为例[J]．福建论坛：人文社会科学版，2010(2)：67—72.

[112] 李子奈．计量经济学[M]：第三版．北京：高等教育出版社，2010. 274—275.

[113] 梁雯，张勤，陈广强．中国物流业经济发展与能源碳排放的脱钩研究[J]．广西社会科学，2017，(04)：61—67.

[114] 梁中，徐蓓．“碳锁定”研究：一个文献综述[J]．经济体制改革，2016(2)：35—40.

[115] 梁中．“产业碳锁定”的内涵、成因及其“解锁”政策——基于中国欠发达区域情景视角[J]．科学学研究，2017，35(01)：54—62.

[116] 林伯强，蒋竺均．中国二氧化碳的环境库兹涅茨曲线预测及影响因素分析[J]．管理世界，2009(4)：27—36.

[117] 林秀群．区域碳锁定的判定研究——以云南省为例[J]．昆明理工大学学报(社会科学版)，2014(3)：73—79.

[118] 刘立，王博．中日韩低碳技术发展模式比较研究[J]．科技进步与对策，2014(22)：26—30.

[119] 刘博文，张贤，杨琳．基于 LMDI 的区域产业碳排放脱钩努力研究[J]．中国人口・资源与环境，2018，28(4)：78—86.

[120] 刘小川，汪曾涛．二氧化碳减排政策比较以及我国的优化选择[J]．上海财经大学学报，2009，11(4)：73—80.

[121] 刘晓凤．区域碳锁定资源配置效率研究[J]．理论月刊，2017，(04)：5—11.

[122] 刘宇，蔡松锋，王毅，等．分省与区域碳市场的比较分析—基于中国多区域一般均衡模型 TermCo2[J]．财贸经济，2013(11)：117—127.

[123] 刘贞，施於人，阎建明．低碳电力市场运行模式仿真研究[J]．电网技术，2013，37(3)：604—609.

[124] 娄峰．碳税征收对我国宏观经济及碳减排影响的模拟研究[J]．数量经济技术经济研究，2014，10：84—96.

[125] 吕涛，张美珍，杨玲萍．基于扎根理论的家庭能源消费碳锁定形成机理及解锁策略研究[J]．工业技术经济，2014(2)：13—21.

[126] 马晓明，孙璐，胡广晓，计军平．中国制造业碳排放因素分解——基于制造业内部结构变化的研究[J]．现代管理科学，2016，(10)：64—66.

[127] 马晓明，胡贝蒂，粟辉，计军平．深圳市制造业碳减排路径研究[J]．现代管理科

学，2016，(11)：63—65.
[128] 农宇. 两大湾区城市群低碳效率评价研究[D]. 广西大学，2019.
[129] 潘安. 对外贸易、区域间贸易与碳排放转移——基于中国地区投入产出表的研究[J]. 财经研究，2017，43(11)：57—69.
[130] 潘家华，庄贵阳，郑艳，等. 低碳经济的概念辨识及核心要素分析[J]. 国际经济评论，2010(4)：88—101.
[131] 潘家华，张丽峰. 我国碳生产率区域差异性研究[J]. 中国工业经济，2011(5)：47—57.
[132] 齐亚伟. 碳排放约束下我 国全要素生产率增长的测度与分解——基于 SBM 方向性距离函数和 GML 指数[J]. 工业技术经济，2013(5)：137—146.
[133] 屈锡华，杨梅锦，申毛毛. 我国经济发展中的"碳锁定"成因及"解锁"策略[J]. 科技管理研究，2013，33(7)：201—204.
[134] 邵帅，杨莉莉，曹建华. 工业能源消费碳排放影响因素研究——基于 STIRPAT 模型的上海分行业动态面板数据实证分析[J]. 财经研究，2010(11)：16—27.
[135] 申萌，李凯杰，曲如晓. 技术进步，经济增长与二氧化碳排放：理论和经验研究[J]. 世界经济，2012 (7)：83—100.
[136] 沈洪涛，黄楠，刘浪. 碳排放权交易的微观效果及机制研究[J]. 厦门大学学报(哲学社会科学版)，2017，(01)：13—22.
[137] 沈友娣，章庆，严霜. 安徽制造业碳排放驱动因素、锁定状态与解锁路径研究[J]. 华东经济管理，2014(6)：27—30.
[138] 石敏俊，周晟吕. 低碳技术发展对中国实现减排目标的作用[J]. 管理评论，2010(6)：48—53.
[139] 宋德勇. 中国必须走低碳工业化道路[J]. 华中科技大学学报(社会科学版)，2009，23(6)：101—102.
[140] 苏凯，陈毅辉，范水生等. 市域能源碳排放影响因素分析及减碳机制研究——以福建省为例[J]. 中国环境科学，2019，39(2)：859—867.
[141] 孙丽文，任相伟. 我国"碳锁定"治理过程中的诸方博弈研究——基于制度解锁视角[J]. 企业经济，2019，(8)：53—59.
[142] 孙攀，吴玉鸣，鲍曙明. 中国碳减排的经济政策选择——基于空间溢出效应视角[J]. 上海经济研究，2017，(08)：29—36.
[143] 孙智君，王文君. 发达国家发展低碳经济的路径和政策[J]. 学习月刊，2010(10)：12—13.
[144] 谭丹，黄贤金，胡初枝. 我国工业行业的产业升级与碳排放关系分析[J]. 四川环境，2008，27(2)：74—78.
[145] 涂建. 低碳发展、产业结构升级与经济增长的动态关系研究[J]. 无锡商业职业技术学院学报，2018，18(1)：11—18.
[146] 滕泽伟，胡宗彪，蒋西艳. 中国服务业碳生产率变动的差异及收敛性研究[J]. 数量经济技术经济研究，2017(3)：78—94.
[147] 万宇艳. 我国工业结构低碳化初探[D]. 华中科技大学，2011.
[148] 韦韬，彭水军. 基于多区域投入产出模型的国际贸易隐含能源及碳排放转移研究[J]. 资源科学，2017，39(1)：94—104.
[149] 汪克亮，史利娟，刘蕾等. 长江经济带大气环境效率的时空异质性与驱动因素研究[J]. 长江流域资源与环境，2018，27(3)：453—462.

[150] 汪中华，成鹏飞. 黑龙江省矿产资源开发区碳锁定及解锁路径[J]. 矿产保护与利用，2015(6)：1—7.
[151] 汪中华，成鹏飞. 中国碳超载下碳锁定与解锁路径实证研究[J]. 资源科学，2016(5)：909—917.
[152] 王兵，杜敏哲. 低碳技术下边际减排成本与工业经济的双赢[J]. 南方经济，2015，V33(2)：17—36.
[153] 王兵,吴延瑞,颜鹏飞. 中国区域环境效率与环境全要素生产率增长[J]. 经济研究，2010，45 (5)：95— 109.
[154] 王岑. “碳锁定”与技术创新的“解锁”途径[J]. 中共福建省委党校学报，2010(11)：61—67.
[155] 王洪生，张玉明. 中国低碳工业化自主创新系统模型构建研究——基于复杂适应系统理论的视角[J]. 财经问题研究，2014(12)：25—29.
[156] 王佳，杨俊. 地区二氧化碳排放与经济发展—基于脱钩理论和 CKC 的实证分析[J]. 山西财经大学学报，2013(1).
[157] 王俊岭，张新社. 中国钢铁工业经济增长、能源消耗与碳排放脱钩分析[J]. 河北经贸大学学报，2017，38(04)：77—82.
[158] 王维国,王霄凌. 基于演化博弈的我国高能耗企业节能减排政策分析[J]. 财经问题研究,2012 ，475—481.
[159] 王文举，范允奇. 碳税对区域能源消费，经济增长和收入分配影响实证研究[J]. 长江流域资源与环境，2012，21(4)：442—447.
[160] 王许亮,王恕立,滕泽伟. 中国服务业碳生产率的空间收敛性研究[J]. 中国人口、资源与环境 2020,30(2) ：70—79.
[161] 王艺明，胡久凯. 对中国碳排放环境库兹涅茨曲线的再检验[J]. 财政研究，2016，(11)：51—64.
[162] 王勇，毕莹，王恩东. 中国工业碳排放达峰的情景预测与减排潜力评估[J]. 中国人口·资源与环境，2017，27(10)：131—140.
[163] 王勇，王恩东，毕莹. 不同情景下碳排放达峰对中国经济的影响——基于 CGE 模型的分析[J]. 资源科学，2017，39(10)：1896—1908.
[164] 王志华，缪玉林，陈晓雪. 江苏制造业低碳化升级的锁定效应与路径选择[J]. 中国人口：资源与环境，2012(S1)：278—283.
[165] 吴玉萍. 河南城镇化进程中碳锁定的形成机制及解锁策略研究[J]. 河南师范大学学报(哲学社会科学版)，2016，v. 43；No. 178(3)：73—76.
[166] 伍华佳. 中国高碳产业低碳化转型产业政策路径探索[J]. 社会科学，2010(10)：27—34.
[167] 武戈，郑哲贝，周五七. 我国工业碳解锁动态演变进程及其影响因素研究[J]. 商业研究，2017，(02)：43—49.
[168] 姚晔夏炎范英等. 基于空间比较路径选择模型的碳生产率区域差异性研究[J]. 中国管理科学，2018,26(7)：170 —178.
[169] 夏堃堡. 发展低碳经济 实现城市可持续发展[J]. 环境保护，2008，2008(3)：33—35.
[170] 肖挺. 全球制造业传统与环境生产率变化及收敛性的比较论证[J]. 南方经济，2020(1) ：13—32.
[171] 肖春梅. 低碳经济背景下甘肃工业发展应对策略研究[D]. 兰州大学，2010.

[172] 谢海生，庄贵阳. 碳锁定效应的内涵、作用机制与解锁路径研究[J]. 生态经济，2016，32(1)：38—42.
[173] 谢会强，黄凌云，刘冬冬. 全球价值链嵌入提高了中国制造业碳生产率吗？[J]. 国际贸易问题，2018(12)：109—121.
[174] 谢来辉. 碳锁定、"解锁"与低碳经济之路[J]. 开放导报，2009(5)：8—14.
[175] 杨玲萍，吕涛. 我国碳锁定原因分析及解锁策略[J]. 工业技术经济，2011，30(4)：151—157.
[176] 杨翔，李小平，周大川. 中国制造业碳生产率的差异与收敛性研究[J]. 数量经济技术经济研究，2015(12)：3—20.
[177] 杨园华，李力，牛国华，等. 我国企业低碳技术创新中的锁定效应及实证研究[J]. 科技管理研究，2012，32(16)：1—4.
[178] 尹希果，霍婷. 国外低碳经济研究综述[J]. 中国人口·资源与环境，2010，20(9)：18—23.
[179] 张爱美，王梦楠. 中国碳减排的驱动因素及路径研究[J]. 河北学刊，2016，36(06)：214—218.
[180] 张济建，苏慧. 碳锁定驱动因素及其作用机制：基于改进 PSR 模型的研究[J]. 会计与经济研究，2016(1)：120—128.
[181] 张济建，丁露露，孙立成. 考虑阶梯式碳税与碳交易替代效应的企业碳排放决策研究[J]. 中国人口·资源与环境，2019，29(11)：41—48.
[182] 张庆彩，卢丹，张先锋. 国际贸易的低碳化及我国外贸突破"高碳锁定"的策略[J]. 科技管理研究，2013，33(6)：111—114.
[183] 张庆彩，阮文玲. 我国资源型城市"高碳锁定"的内在机制及解锁路径——以安徽省淮北市为例[J]. 现代城市研究，2013(2)：94—99.
[184] 张莎莎，张建华. 低碳经济技术锁定突破研究[J]. 技术经济与管理研究，2011(10)：67—70.
[185] 张忠杰. 中国碳生产率的空间非均衡性及动态演进分析[J]. 统计与决策，2018(19)：135—138.
[186] 张曦，赵国浩. 我国大中型工业企业科技活动支出对产出的影响——基于2005—2011 年 32 个工业行业面板数据的实证分析[J]. 科技管理研究，2015(4)：81—86.
[187] 张同斌，孙静. "国际贸易—碳排放"网络的结构特征与传导路径研究[J]. 财经研究，2019，45(3)：114—126.
[188] 张征华，彭迪云. 中国二氧化碳排放影响因素实证研究综述[J]. 生态经济，2013(6)：50—54.
[189] 张庆宇，张雨龙，潘斌斌. 巴基斯坦碳排放的影响因素[J]. 南亚研究季刊，2019，(2)：50—57.
[190] 赵桂梅，陈丽珍，孙华平，赵桂芹. 基于异质性收敛的中国碳排放强度脱钩效应研究[J]. 华东经济管理，2017，31(04)：97—103.
[191] 赵耀昌. 我国碳排放影响因素的实证分析[D]. 东北财经大学，2011.
[192] 赵一平，孙启宏，段宁. 中国经济发展与能源消费响应关系研究——基于相对"脱钩"与"复钩"理论的实证研究[J]. 科研管理，2006，27(3)：128—134.
[193] 赵云君，文启湘. 环境库兹涅茨曲线及其在我国的修正[J]. 经济学家，2004(5)：69—75.

[194] 赵雲泰，黄贤金，钟太洋，等. 1999—2007 年中国能源消费碳排放强度空间演变特征[J]. 环境科学，2011，32(11):3145—3152.
[195] 支华炜，杜纲，解百臣. 科技带动视角下的区域低碳经济效率研究[J]. 科技进步与对策，2013，30(3):25—31.
[196] 周芳，马中，石磊. 企业节能减排行为研究：以 D 市为例[J]. 中国地质大学学报(社会科学版)，2012，6：005.
[197] 周维良，杨仕辉. 碳排放政策下的供应链定价与减排[J]. 华东经济管理，2017，31(07):124—131.
[198] 周五七，聂鸣. 基于节能减排的中国省级工业技术效率研究[J]. 中国人口·资源与环境，2013，23(1):25—32.
[199] 周五七，聂鸣. 碳排放与碳减排的经济学研究文献综述[J]. 经济评论，2012(5):144—151.
[200] 周五七，唐宁. 中国工业行业碳解锁的演进特征及其影响因素[J]. 技术经济，2015，34(4):15—22.
[201] 周志霞. 基于碳锁定的山东省特色农业集群创新模式与优化路径研究[J]. 宏观经济管理，2017，(S1):14—15.
[202] 朱淀，王晓莉，童霞. 工业企业低碳生产意愿与行为研究[J]. 中国人口·资源与环境，2013，23 (2).
[203] 朱一凡. 碳排放与中国经济发展关系研究[D]. 四川：西南财经大学，2018.
[204] 庄贵阳，潘家华，朱守先. 低碳经济的内涵及综合评价指标体系构建[J]. 经济学动态，2011，(01):132—136.
[205] 庄贵阳. 低碳经济—气候变化背景下中国的发展之路[M]. 气象出版社，2007.
[206] 庄贵阳. 中国经济低碳发展的途径与潜力分析[J]. 太平洋学报，2005(11):79—87.

后　记

本书是国家社会科学基金项目“长三角碳锁定及解锁路径研究”(14BJY017)的结项成果。本书紧密联系经济新常态背景下长三角低碳经济发展实际,在地区层面,从理论上阐释长三角碳锁定现象及碳解锁机理,分析了长三角地区碳解锁的行业特征、演进进程及低碳发展绩效;在企业层面,对影响企业碳解锁的因素进行分析,构建了企业低碳生产动力传导机制的概念模型;在政策层面,编制长三角多区域社会核算矩阵,构建出长三角多区域可计算一般均衡(MR-CGE)模型,模拟分析低碳政策的区域联动效应。本书提出了长三角地区完善和健全低碳经济体系、构建产业布局协同的联动机制、推动长三角产业转型升级和低碳协同发展的政策建议。

我国提出,力争在2030年前实现碳达峰和2060年前实现碳中和的目标任务,碳达峰、碳中和已纳入生态文明建设整体布局。碳达峰、碳中和是党中央经过深思熟虑提出的重大战略决策,事关中华民族永续发展和构建人类命运共同体。当前,长三角正大力推进区域一体化高质量发展,长三角各省市有良好的产业基础和发展潜力,在碳达峰、碳中和方面也能努力走在全国前列,希望本书能助力长三角区域早日实现这一目标。

本书的完成得益于各位老师和同仁的支持与帮助。为此,特别感谢中国社会科学研究院楼峰研究员给予的帮助。感谢范允奇老师、蔡大鹏老师、戴越老师、邢新朋老师、黄建康老师、徐海俊老师,以及胡青、林琳、郑哲贝、冯雯洁、侍磊、李杰宁、祝羽倩等研究生在研究开展与完成期间给予的大力支持。

本书得以出版离不开多方面的支持和帮助,感谢各位评审专家的中肯建议,感谢全国哲学社会科学工作办公室的资助,感谢上海三联书店宋寅悦编辑的热情帮助!感谢江南大学商学院和人文社科处的支持!

本书作者

2021年11月

图书在版编目(CIP)数据

长三角碳锁定及解锁路径研究/武戈,周五七著.—上海:上海三联书店,2024.3
ISBN 978-7-5426-8024-2

Ⅰ.①长… Ⅱ.①武…②周… Ⅲ.①长江三角洲—二氧化碳—排气—研究 Ⅳ.①X511

中国国家版本馆 CIP 数据核字(2023)第 035961 号

长三角碳锁定及解锁路径研究

著　　者 / 武　戈　周五七

责任编辑 / 宋寅悦
装帧设计 / 一本好书
监　　制 / 姚　军
责任校对 / 王凌霄

出版发行 / 上海三联书店
(200041)中国上海市静安区威海路 755 号 30 楼
邮　　箱 / sdxsanlian@sina.com
联系电话 / 编辑部:021-22895517
发行部:021-22895559
印　　刷 / 上海惠敦印务科技有限公司

版　　次 / 2024 年 3 月第 1 版
印　　次 / 2024 年 3 月第 1 次印刷
开　　本 / 710 mm × 1000 mm　1/16
字　　数 / 240 千字
印　　张 / 14
书　　号 / ISBN 978-7-5426-8024-2/F · 884
定　　价 / 75.00 元

敬启读者,如发现本书有印装质量问题,请与印刷厂联系 021-63779028